工程质量安全手册实施细则系列丛书

工程实体质量控制实施细则
与质量管理资料

（混凝土工程）

中国工程建设标准化协会建筑施工专业委员会

北京土木建筑学会　组织编写

北京万方建知教育科技有限公司

吴松勤　高新京　主编

中国建筑工业出版社

图书在版编目（CIP）数据

工程实体质量控制实施细则与质量管理资料（混凝土工程）/吴松勤，高新京主编. —北京：中国建筑工业出版社，2019.3
（工程质量安全手册实施细则系列丛书）
ISBN 978-7-112-23317-5

Ⅰ．①工… Ⅱ．①吴… ②高… Ⅲ．①钢结构-建筑工程-质量控制-细则-中国②钢结构-建筑工程-质量管理-资料-中国③混凝土结构-建筑工程-质量控制-细则-中国④混凝土结构-建筑工程-质量管理-资料-中国 Ⅳ.①TU712.3

中国版本图书馆 CIP 数据核字（2019）第 029234 号

本书严格按照《工程质量安全手册》编写，共 2 篇 6 章，上篇是工程实体质量控制细则，包括钢筋工程质量控制，混凝土工程；下篇是工程质量管理资料范例，包括建筑材料进场检验资料，施工试验检测资料，施工记录，质量验收记录中使用的大量表格。

本书内容实用，指导性强，可供工程建设单位、监理单位、施工单位及质量安全监督机构的技术人员和管理人员使用。

责任编辑：刘 江 范业庶 曹丹丹
责任校对：张 颖

工程质量安全手册实施细则系列丛书
工程实体质量控制实施细则与质量管理资料
（混凝土工程）
中国工程建设标准化协会建筑施工专业委员会
北京土木建筑学会 组织编写
北京万方建知教育科技有限公司
吴松勤 高新京 主编

＊

中国建筑工业出版社出版、发行（北京海淀三里河路 9 号）
各地新华书店、建筑书店经销
霸州市顺浩图文科技发展有限公司制版
北京京华铭诚工贸有限公司印刷

＊

开本：787×1092 毫米 1/16 印张：13½ 字数：335 千字
2019 年 4 月第一版 2019 年 4 月第一次印刷
定价：**42.00** 元
ISBN 978-7-112-23317-5
（33627）

本书编写委员会

组织编写： 中国工程建设标准化协会建筑施工专业委员会

北京土木建筑学会

北京万方建知教育科技有限公司

主　编： 吴松勤　高新京

副主编： 杨玉江　赵　键

参编人员： 边　嫘　吴　洁　乔凤超　穆晋通　刘兴宇

温丽丹　邹宏雷　杜　健　郭晓辉　周海军

出版说明

为深入开展工程质量安全提升行动，保证工程质量安全，提高人民群众满意度，推动建筑业高质量发展，2018年9月21日住房城乡建设部发出了《住房城乡建设部关于印发〈工程质量安全手册（试行）〉的通知》（建质〔2018〕95号），文件要求："各地住房城乡建设主管部门可在工程质量安全手册的基础上，结合本地实际，细化有关要求，制定简洁明了、要求明确的实施细则。要督促工程建设各方主体认真执行工程质量安全手册，将工程质量安全要求落实到每个项目、每个员工，落实到工程建设全过程。要以执行工程质量安全手册为切入点，开展质量安全'双随机、一公开'检查，对执行情况良好的企业和项目给予评优评先等政策支持，对不执行或执行不力的企业和个人依法依规严肃查处并曝光。"

为宣传贯彻落实《工程质量安全手册》（以下简称《手册》），2018年10月25日住房城乡建设部在湖北省武汉市召开工程质量监管工作座谈会，住房城乡建设部相关领导出席会议。北京、天津、上海、重庆、湖北、吉林、宁夏、江苏、福建、山东、广东11个省（自治区、市）住房城乡建设主管部门有关负责同志参加座谈会。

会议认为，质量安全工作永远在路上，需要大家共同努力、抓实抓好。一要统一思想、提高站位，充分认识推行《手册》制度的重要性、必要性。推行《手册》制度是贯彻落实党中央、国务院决策部署的重要举措，是建筑业高质量发展的重要内容，是提升工程质量安全管理水平的有效手段。二要凝聚共识、精准施策，积极推进《手册》落到实处。要坚持项目管理与政府监管并重、企业责任与个人责任并重、治理当前问题与夯实长远基础并重，提高项目管理水平，提升政府监管能力，强化责任追究。三要牢记使命、勇于担当，以执行《手册》为着力点，改革和完善工程质量安全保障体系。按照"不立不破、先立后破"的原则，坚持问题导向，强化主体责任、完善管理体系，创新市场机制、激发市场主体活力，完善管理制度、确保建材产品质量，改革标准体系、推进科技创新驱动，建立诚信平台、推进社会监督。

会议强调，各地要结合本地实际制定简洁明了、要求明确的实施细则，先行先试，样板引路。要狠下功夫，抓好建设单位和总承包单位两个主体责任落实。要解决老百姓关心的住宅品质问题，切实提升建筑品质，不断增强人民群众的获得感、幸福感、安全感。要严厉查处违法违规行为，加大对人员尤其是注册执业人员的处罚力度。要大力培育现代产业工人队伍，总承包单位要培养自有技术骨干工人。要加大建筑业改革闭环管理力度，重点抓好总承包前端和现代产业工人末端，促进建筑业高质量发展。要加大危大工程管理力度，采取强有力手段，确保"方案到位、投入到位、措施到位"，有效遏制较大及以上安全事故发生。

为配合《工程质量安全手册》的贯彻实施，我社委托中国工程建设标准化协会建筑施工专业委员会、北京土木建筑学会、北京万方建知教育科技有限公司组织有关专家编写了这套《工程质量安全手册实施细则系列丛书》，方便工程建设单位、监理单位、施工单位及质量安全监督机构的技术人员和管理人员学习参考。丛书共分为 9 个分册，分别是：《工程质量安全管理与控制细则》、《工程实体质量控制实施细则与质量管理资料（地基基础工程、防水工程）》、《工程实体质量控制实施细则与质量管理资料（混凝土工程）》、《工程实体质量控制实施细则与质量管理资料（钢结构工程、装配式混凝土工程）》、《工程实体质量控制实施细则与质量管理资料（砌体工程、装饰装修工程）》、《工程实体质量控制实施细则与质量管理资料（建筑电气工程、智能建筑工程）》、《工程实体质量控制实施细则与质量管理资料（给水排水及采暖工程、通风与空调工程）》、《工程实体质量控制实施细则与质量管理资料（市政工程）》、《建设工程安全生产现场控制实施细则与安全管理资料》。

本丛书严格遵照《工程质量安全手册》的具体规定，依据国家现行标准，从控制目标、保障措施等方面制定简洁明了、要求明确的实施细则，内容实用，指导性强，方便工程建设单位、监理单位、施工单位及质量安全监督机构的技术人员和管理人员学习参考。

目　　录

上篇　工程实体质量控制细则

上篇

工程实体质量控制细则

Chapter 01

钢筋工程质量控制

1.1 钢筋工程的细部做法细则

《质量安全手册》第3.2.1条:

确定细部做法并在技术交底中明确。

📖 实施细则:

1.1.1 钢筋弯钩设置

1. 质量目标

箍筋、拉筋的末端应按设计要求做弯钩。

注:本内容参照《混凝土结构工程施工质量验收规范》GB 50204—2015 第5.3.3条的规定。

2. 质量保障措施

(1)对一般结构构件,箍筋弯钩的弯折角度不应小于90°,弯折后平直段长度不应小于箍筋直径的5倍;对有抗震设防要求或设计有专门要求的结构构件,箍筋弯钩的弯折角度不应小于135°,弯折后平直段长度不应小于箍筋直径的10倍;

(2)圆形箍筋的搭接长度不应小于其受拉锚固长度,且两末端弯钩的弯折角度不应小于135°,弯折后平直段长度,对一般结构构件不应小于箍筋直径的5倍,对有抗震设防要求的结构构件不应小于箍筋直径的10倍;

(3)梁柱复合箍筋中单肢箍筋两端弯钩的弯折角度均不应小于135°,弯折后平直段长度不应小于箍筋直径的5倍。

注:本内容参照《混凝土结构工程施工质量验收规范》GB 50204—2015 第5.3.3条的规定。

1.1.2 钢筋接头设置

1. 质量目标

钢筋接头的位置应符合设计和施工方案要求。

检验方法:观察,尺量。

注：本内容参照《混凝土结构工程施工质量验收规范》GB 50204—2015 第 5.4.4 条的规定。

2. 质量保障措施

（1）钢筋接头的设置

1）同一构件内的接头宜分批相互错开；

2）钢筋接头宜设置在受力较小处。有抗震设防要求的结构中，梁端、柱端箍筋加密区范围内不宜设置钢筋接头，且不应进行钢筋搭接。若需在箍筋加密区内设置接头，应采用性能较好的机械连接和焊接接头；

3）同一纵向受力钢筋不宜设置两个或两个以上接头，对跨度较大的梁，接头数量的规定可适当放宽；

4）接头末端至钢筋弯起点的距离，不应小于钢筋直径的 10 倍；

5）直接承受动力荷载的结构构件中，不宜采用焊接接头。当采用机械连接时，接头百分率不应大于 50%。

注：本内容参照《混凝土结构工程施工规范》GB 50666—2011 第 5.4.1、5.4.4 条的规定。

（2）纵向受力钢筋焊接接头的设置

1）接头连接区段的长度为 35d，且不应小于 500mm，凡接头中点位于该连接区段长度内的接头均应属于同一连接区段，其中 d 为相互连接两根钢筋中的较小直径。

2）同一连接区段内，纵向受力钢筋的接头面积百分率（有接头的纵向受力钢筋截面面积与全部纵向受力钢筋截面面积的比值）应符合下列规定：

① 受拉接头，不宜大于 50%；受压接头，可不受限制；

② 装配式混凝土结构构件连接处受拉接头，可根据实际情况放宽。

注：本内容参照《混凝土结构工程施工规范》GB 50666—2011 第 5.4.4 条的规定。

（3）纵向受力钢筋机械连接接头的设置

1）机械连接接头的混凝土保护层厚度宜符合现行国家标准中受力钢筋混凝土保护层最小厚度的规定，且不得小于 15mm。连接件之间的横向净距不宜小于 25mm。

2）接头连接区段的长度为 35d，且不应小于 500mm，凡接头中点位于该连接区段长度内的接头均应属于同一连接区段，其中 d 为相互连接两根钢筋中的较小直径。

3）同一连接区段内，纵向受力钢筋的接头面积百分率（有接头的纵向受力钢筋截面面积与全部纵向受力钢筋截面面积的比值）应符合下列规定：

① 接头宜设置在结构构件受拉钢筋应力较小部位，当需要在高应力部位设置接头时，同一连接区段内Ⅲ级接头的接头百分率不应大于 25%，Ⅱ级接头的接头百分率不应大于 50%，Ⅰ级接头的接头百分率除有抗震设防要求的框架的梁端、柱端箍筋加密区外，可不受限制；

② 接头宜避开有抗震设防要求的框架的梁端、柱端箍筋加密区。当无法避开时，应采用Ⅱ级接头或Ⅰ级接头，且接头百分率不应大于 50%；

③ 受拉钢筋应力较小部位或纵向受压钢筋，接头百分率可不受限制；

④ 板、墙、柱中的受拉机械连接接头，装配式混凝土结构构件连接处的受拉接头，可根据实际情况放宽。

注：本内容参照《混凝土结构工程施工规范》GB 50666—2011 第 5.4.2、5.4.4 条的规定。

（4）纵向受力钢筋绑扎接头的设置

1）各接头的横向净间距 s 不应小于钢筋直径，且不应小于 25mm。

2）接头连接区段的长度为 1.3 倍搭接长度，凡接头中点位于该连接区段长度内的接头均应属于同一连接区段，搭接长度可取相互连接两根钢筋中的较小直径计算。

3）同一连接区段内，纵向受压钢筋的接头面积百分率（有接头的纵向受力钢筋截面面积与全部纵向受力钢筋截面面积的比值）可不受限制（图 1-1）。纵向受拉钢筋的接头面积百分率应符合下列规定：

① 梁类、板类及墙类构件，不宜超过 25%；基础筏板，不宜超过 50%；

② 柱类构件，不宜超过 50%；

③ 当工程中确有必要增大接头面积百分率时，对梁类构件，不应大于 50%；对其他构件，可根据实际情况适当放宽。

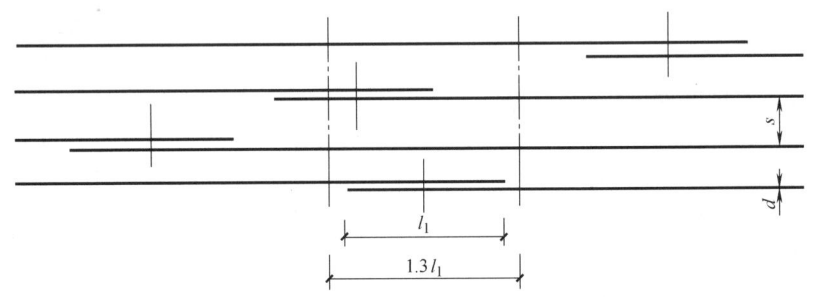

图 1-1　钢筋绑扎搭接接头连接区段及接头面积百分率

注：图中所示搭接接头同一连接区段内的搭接钢筋为两根，当各钢筋直径相同时，接头面积百分率为 50%。

注：本内容参照《混凝土结构工程施工规范》GB 50666—2011 第 5.4.5 条的规定。

1.1.3　混凝土板的构造配筋

1. 质量目标

板中钢筋的设置符合设计和规范要求。

注：本内容参照《混凝土结构工程施工质量验收规范》GB 50204—2015 第 5.4.4 条的规定。

2. 质量保障措施

（1）按简支边或非受力边设计的现浇混凝土板，当与混凝土梁、墙整体浇筑或嵌固在砌体墙内时，应设置板面构造钢筋，并符合下列要求：

1）钢筋直径不宜小于 8mm，间距不宜大于 200mm，且单位宽度内的配筋面积不宜小于跨中相应方向板底钢筋截面面积的 1/3。与混凝土梁、混凝土墙整体浇筑单向板的非受力方向，钢筋截面面积不宜小于受力方向跨中板底钢筋截面面积的 1/3。

2）钢筋从混凝土梁边、柱边、墙边伸入板内的长度不宜小于 $l_0/4$，砌体墙支座处钢筋伸入板边的长度不宜小于 $l_0/7$，其中计算跨度 l_0 对单向板按受力方向考虑，对双向板按短边方向考虑。

3）在楼板角部，宜沿两个方向正交、斜向平行或放射状布置附加钢筋。

4）钢筋应在梁内、墙内或柱内可靠锚固。

（2）当按单向板设计时，应在垂直于受力的方向布置分布钢筋，单位宽度上的配筋不宜小于单位宽度上的受力钢筋的 15%，且配筋率不宜小于 0.15%；分布钢筋直径不宜小于 6mm，间距不宜大于 250mm。当集中荷载较大时，分布钢筋的配筋面积还应增加，且间距不宜大于 200mm。

当有实践经验或可靠措施时，预制单向板的分布钢筋可不受本条的限制。

（3）在温度、收缩应力较大的现浇板区域，应在板的表面双向配置防裂构造钢筋。配筋率均不宜小于 0.10%，间距不宜大于 200mm。防裂构造钢筋可利用原有钢筋贯通布置，也可另行设置钢筋并与原有钢筋按受拉钢筋的要求搭接或在周边构件中锚固。楼板平面的瓶颈部位宜适当增加板厚和配筋。沿板的洞边、凹角部位宜加配防裂构造钢筋，并采取可靠的锚固措施。

（4）混凝土厚板及卧置于地基上的基础筏板，当板的厚度大于 2m 时，除应沿板的上下表面布置纵横方向钢筋外，还宜在板厚度不超过 1m 范围内设置与板面平行的构造钢筋网片，网片钢筋直径不宜小于 12mm，纵横方向的间距不宜大于 300mm。

（5）当混凝土板的厚度不小于 150mm 时，对板的无支承边的端部，宜设置 U 形构造钢筋并与板顶、板底的钢筋搭接，搭接长度不宜小于 U 形构造钢筋直径的 15 倍且不宜小于 200mm。也可采用板面、板底钢筋分别向下、向上弯折搭接的形式。

注：本内容参照《混凝土结构设计规范》GB 50010—2010 第 9.1.6～9.1.10 条的规定。

1.1.4 梁的纵向与横向配筋

1. 质量目标

梁的钢筋设置符合设计和规范要求。

注：本内容参照《混凝土结构工程施工质量验收规范》GB 50204—2015 第 5.4.4 条的规定。

2. 质量保障措施

（1）梁的纵向受力钢筋应符合下列规定：

1）伸入梁支座范围内的钢筋不应少于 2 根。

2）梁高不小于 300mm 时，钢筋直径不应小于 10mm；梁高小于 300mm 时，钢筋直径不应小于 8mm。

3）梁上部钢筋水平方向的净间距不应小于 30mm 和 1.5d；梁下部钢筋水平方向的净间距不应小于 25mm 和 d。当下部钢筋多于 2 层时，2 层以上钢筋水平方向的中距应比下面 2 层的中距增大 1 倍。各层钢筋之间的净间距不应小于 25mm 和 d，d 为钢筋的最大直径。

注：本内容参照《混凝土结构设计规范》GB 50010—2010 第 9.2.1 条的规定。

（2）梁的上部纵向构造钢筋应符合下列要求：

1）当梁端按简支计算但实际受到部分约束时，应在支座区上部设置纵向构造钢筋。其截面面积不应小于梁跨中下部纵向受力钢筋计算所需截面面积的 1/4，且不应少于 2

根。该纵向构造钢筋自支座边缘向跨内伸出的长度不应小于 1/5 梁的计算跨度。

2）对架立钢筋，当梁的跨度小于 4m 时，直径不宜小于 8mm；当梁的跨度为 4～6m 时，直径不应小于 10mm；当梁的跨度大于 6m 时，直径不宜小于 12mm。

注：本内容参照《混凝土结构设计规范》GB 50010—2010 第 9.2.6 条的规定。

（3）混凝土梁宜采用箍筋作为承受剪力的钢筋。当采用弯起钢筋时，弯起角宜取 45° 或 60°，在弯终点外应留有平行于梁轴线方向的锚固长度，且在受拉区不应小于 20d，在受压区不应小于 10d，d 为弯起钢筋的直径。梁底层钢筋中的角部钢筋不应弯起，顶层钢筋中的角部钢筋不应弯下。

注：本内容参照《混凝土结构设计规范》GB 50010—2010 第 9.2.7 条的规定。

（4）在混凝土梁的受拉区中，弯起钢筋的弯起点可设在按正截面受弯承载力计算不需要该钢筋的截面之前，但弯起钢筋与梁中心线的交点应位于不需要该钢筋的截面之外（图 1-2），同时弯起点与按计算充分利用该钢筋的截面之间的距离不应小于 $h_0/2$。

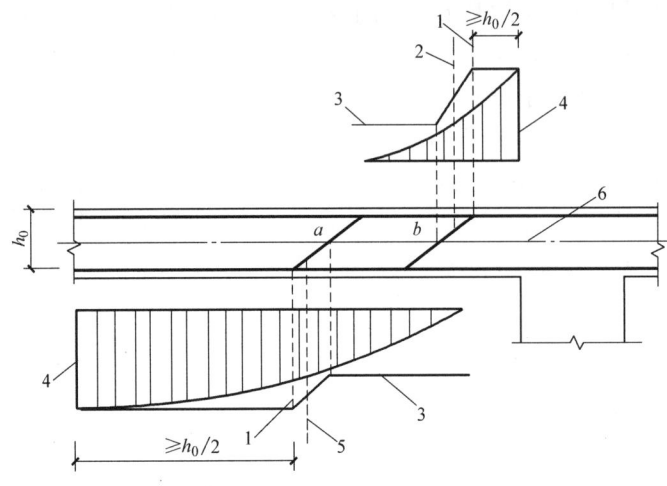

图 1-2　弯起钢筋弯起点与弯矩图的关系

1—受拉区的弯起点；2—按计算不需要钢筋"b"的截面；3—正截面
受弯承载力图；4—按计算充分利用钢筋"a"或"b"强度的截面；
5—按计算不需要钢筋"a"的截面；6—梁中心线

注：本内容参照《混凝土结构设计规范》GB 50010—2010 第 9.2.8 条的规定。

（5）梁中箍筋的配置应符合下列规定：

1）按承载力计算不需要箍筋的梁，当截面高度大于 300mm 时，应沿梁全长设置构造箍筋；当截面高度 h 为 150～300mm 时，可仅在构件端部 $l_0/4$ 范围内设置构造箍筋，l_0 为跨度，但当在构件中部 $l_0/2$ 范围内有集中荷载作用时，则应沿梁全长设置箍筋；当截面高度小于 150mm 时，可以不设置箍筋。

2）截面高度大于 800mm 的梁，箍筋直径不宜小于 8mm；截面高度不大于 800mm 的梁，不宜小于 6mm。梁中配有计算需要的纵向受压钢筋时，箍筋直径还不应小于 $d/4$，d 为受压钢筋最大直径。

3）梁中箍筋的最大间距宜符合表 1-1 的规定。

梁中箍筋的最大间距（mm）　　　　　　　　表 1-1

梁高 h	$V > 0.7f_t bh_0 + 0.05N_{p0}$	$V \leqslant 0.7f_t bh_0 + 0.05N_{p0}$
$150 < h \leqslant 300$	150	200
$300 < h \leqslant 500$	200	300
$500 < h \leqslant 800$	250	350
$h > 800$	300	400

注：表中 V 为剪力设计值；f_t 为混凝土轴心抗拉强度设计值；b 为截面宽度；h_0 为截面有效高度；N_{p0} 为预应力构件混凝土法向预应力等于 0 时的预加力。

注：本内容参照《混凝土结构设计规范》GB 50010—2010 第 9.2.9 条的规定。

1.1.5　梁、柱节点的钢筋设置

1. 质量目标

梁、柱节点钢筋的设置符合设计和规范要求。

注：本内容参照《混凝土结构工程施工质量验收规范》GB 50204—2015 第 5.4.4 条的规定。

2. 质量保障措施

（1）梁纵向钢筋在框架中间层端节点的锚固应符合下列要求：

1）梁上部纵向钢筋伸入节点的锚固

① 当采用直线锚固形式时，锚固长度不应小于 l_a，且应伸过柱中心线，伸过的长度不宜小于 5d，d 为梁上部纵向钢筋的直径。

② 当柱截面尺寸不满足直线锚固要求时，梁上部纵向钢筋可采用钢筋端部加机械锚头的锚固方式。梁上部纵向钢筋宜伸至柱外侧纵向钢筋内边，包括机械锚头在内的水平投影锚固长度不应小于 $0.4l_{ab}$（图 1-3a）。

③ 梁上部纵向钢筋也可采用 90°弯折锚固的方式，此时梁上部纵向钢筋应伸至柱外侧纵向钢筋内边并向节点内弯折，其包含弯弧在内的水平投影长度不应小于 $0.4l_{ab}$，弯折钢筋在弯折平面内包含弯弧段的投影长度不应小于 15d（图 1-3b）。

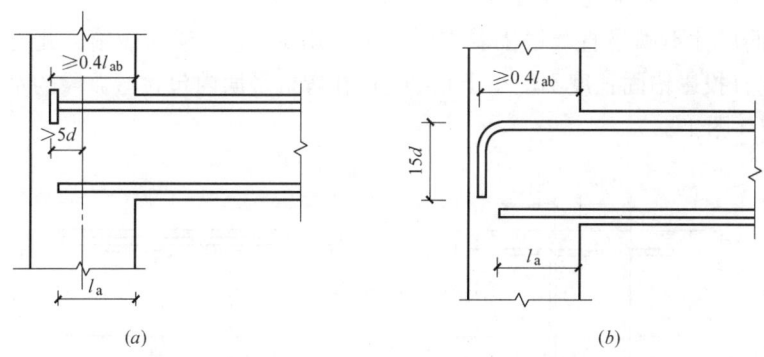

图 1-3　梁上部纵向钢筋在中间层端节点内的锚固

（a）钢筋端部加锚头锚固；（b）钢筋末端 90°弯折锚固

2）框架梁下部纵向钢筋伸入端节点的锚固

① 当计算中充分利用该钢筋的抗拉强度时，钢筋的锚固方式及长度应与上部钢筋的规定相同。

② 当计算中不利用该钢筋的强度或仅利用该钢筋的抗压强度时，伸入节点的锚固长度应分别符合中间节点梁下部纵向钢筋锚固的规定。

（2）框架中间层中间节点或连续梁中间支座，梁的上部纵向钢筋应贯穿节点或支座。梁的下部纵向钢筋宜贯穿节点或支座。当必须锚固时，应符合下列锚固要求：

1）当计算中不利用该钢筋的强度时，其伸入节点或支座的锚固长度对带肋钢筋不小于 $12d$，对光面钢筋不小于 $15d$，d 为钢筋的最大直径；

2）当计算中充分利用钢筋的抗压强度时，钢筋应按受压钢筋锚固在中间节点或中间支座内，其直线锚固长度不应小于 $0.7l_a$；

3）当计算中充分利用钢筋的抗拉强度时，钢筋可采用直线方式锚固在节点或支座内，锚固长度不应小于钢筋的受拉锚固长度 l_a（图 1-4a）；

4）当柱截面尺寸不足时，宜采用钢筋端部加锚头的机械锚固措施，也可采用 90°弯折锚固的方式；

5）钢筋可在节点或支座外梁中弯矩较小处设置搭接接头，搭接长度的起始点至节点或支座边缘的距离不应小于 $1.5h$（图 1-4b）。

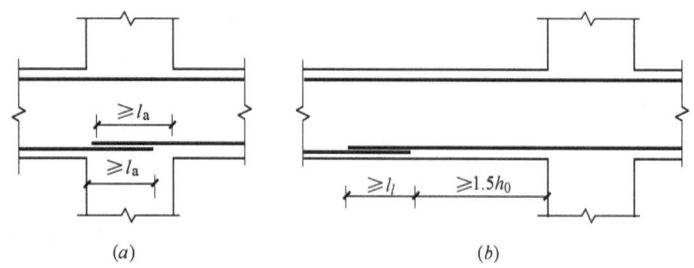

图 1-4　梁下部纵向钢筋在中间节点或中间支座范围的锚固与搭接
（a）下部纵向钢筋在节点中直线锚固；（b）下部纵向钢筋在节点或支座范围外的搭接

（3）柱纵向钢筋应贯穿中间层的中间节点或端节点，接头应设在节点区以外。柱纵向钢筋在顶层中节点的锚固应符合下列要求：

1）柱纵向钢筋应伸至柱顶，且自梁底算起的锚固长度不应小于 l_a。

2）当截面尺寸不满足直线锚固要求时，可采用 90°弯折锚固措施。此时，包括弯弧在内的钢筋垂直投影锚固长度不应小于 $0.5l_{ab}$，在弯折平面内包含弯弧段的水平投影长度不宜小于 $12d$（图 1-5a）。

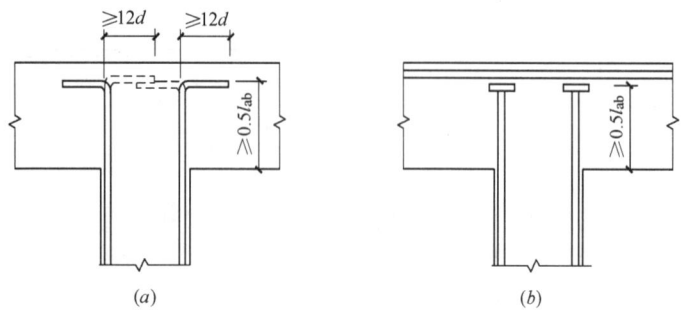

图 1-5　顶层节点中柱纵向钢筋在节点内的锚固
（a）柱纵向钢筋 90°弯折锚固；（b）柱纵向钢筋端头加锚板锚固

3）当截面尺寸不足时，也可采用带锚头的机械锚固措施。此时，包含锚头在内的竖向锚固长度不应小于 $0.5l_{ab}$（图 1-5b）。

4）当柱顶有现浇楼板且板厚不小于 100mm 时，柱纵向钢筋也可向外弯折，弯折后的水平投影长度不宜小于 12d。

（4）顶层端节点柱外侧纵向钢筋可弯入梁内作为梁上部纵向钢筋，也可将梁上部纵向钢筋与柱外侧纵向钢筋在节点及附近部位搭接，搭接可采用下列方式：

1）搭接接头可沿顶层端节点外侧及梁端顶部布置，搭接长度不应小于 $1.5l_{ab}$（图 1-6a）。其中，伸入梁内的柱外侧钢筋截面面积不宜小于其全部面积的 65%，梁宽范围以外的柱外侧钢筋宜沿节点顶部伸至柱内边锚固。当柱外侧纵向钢筋位于柱顶第一层时，钢筋伸至柱内边后宜向下弯折不小于 8d 后截断（图 1-6a），d 为柱纵向钢筋的直径；当柱外侧纵向钢筋位于柱顶第二层时，可不向下弯折。当现浇板厚度不小于 100mm 时，梁宽范围以外的柱外侧纵向钢筋也可伸入现浇板内，其长度与伸入梁内的柱纵向钢筋相同。

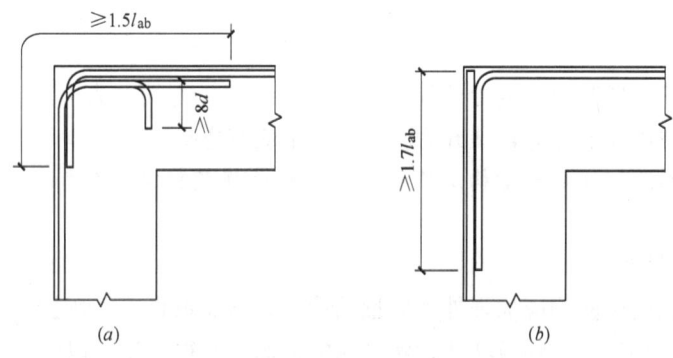

图 1-6 顶层端节点梁、柱纵向钢筋在节点内的锚固与搭接
（a）搭接接头沿顶层端节点外侧及梁端顶部布置；（b）搭接接头沿节点外侧直线布置

2）当柱外侧纵向钢筋配筋率大于 1.2% 时，伸入梁内的柱纵向钢筋应满足本条第 1）款规定且宜分两批截断，截断点之间的距离不宜小于 20d，d 为柱外侧纵向钢筋的直径。梁上部纵向钢筋应伸至节点外侧并向下弯至梁下边缘高度位置截断。

3）纵向钢筋搭接接头也可沿节点柱顶外侧直线布置（图 1-6b），此时，搭接长度自柱顶算起不应小于 $1.7l_{ab}$。当梁上部纵向钢筋的配筋率大于 1.2% 时，弯入柱外侧的梁上部纵向钢筋应满足本条第 1）款规定的搭接长度，且宜分两批截断，其截断点之间的距离不宜小于 20d，d 为梁上部纵向钢筋的直径。

4）当梁的截面高度较大，梁、柱纵向钢筋相对较小，从梁底算起的直线搭接长度未延伸至柱顶即已满足 $1.5l_{ab}$ 的要求时，应将搭接长度延伸至柱顶并满足搭接长度 $1.7l_{ab}$ 的要求，或者从梁底算起的弯折搭接长度未延伸至柱内侧边缘即已满足 $1.5l_{ab}$ 的要求时，其弯折后包括弯弧在内的水平段的长度不应小于 15d，d 为柱纵向钢筋的直径。

注：本内容参照《混凝土结构设计规范》GB 50010—2010 第 9.3 条的规定。

1.2 钢筋表面及施工缝的清理细则

📋《质量安全手册》第3.2.2条：

清除钢筋上的污染物和施工缝处的浮浆。

📖实施细则：

1.2.1 钢筋表面的清理

1. 质量目标

（1）钢筋应平直、无损伤，表面不得有裂纹、油污、颗粒状或片状老锈。

检验方法：观察。

注：本内容参照《混凝土结构工程施工质量验收规范》GB 50204—2015 第5.2.4条的规定。

（2）预应力筋进场时，应进行外观检查，有粘结预应力筋的表面不应有裂纹、小刺、机械损伤、氧化铁皮和油污等，展开后应平顺，不应有弯折。

注：本内容参照《混凝土结构工程施工质量验收规范》GB 50204—2015 第6.2.6条的规定。

2. 质量保障措施

钢筋进场时和使用前均应加强外观质量的检查。弯曲不直或经弯折损伤、有裂纹的钢筋不得使用，表面有油污、颗粒状或片状老锈的钢筋亦不得使用，以防止影响钢筋握裹力或锚固性能。

注：本内容参照《混凝土结构工程施工质量验收规范》GB 50204—2015 第5.2.4条的规定。

4.1.4 钢筋焊接施工之前，应清除钢筋、钢板焊接部位以及钢筋与电极接触处表面的锈斑、油污、杂物等。钢筋端部有弯折、扭曲时，应予以矫直或切除。

注：本内容参照《钢筋焊接及验收规程》JGJ 18—2012 第4.1.4条的规定。

1.2.2 施工缝的清理

1. 质量目标

施工缝浇筑混凝土，应清除浮浆、松动石子、软弱混凝土层。

注：本内容参照《混凝土结构工程施工规范》GB 50666—2011 第8.3.10条的规定。

2. 质量保障措施

采用粗糙面、清除浮浆、清理疏松石子、清理软弱混凝土层，是保证新老混凝土紧密结合的技术措施。如果施工缝处由于搁置时间较长而受建筑废弃物污染，则首先应清理建筑废弃物，并对结构构件进行必要的整修。

注：本内容参照《混凝土结构工程施工规范》GB 50666—2011 第8.3.10条的规定。

1.3 预留钢筋纠偏细则

📋《质量安全手册》第 3.2.3 条：

> 对预留钢筋进行纠偏。

📖实施细则：

1. 质量目标

预留钢筋的位置应符合设计要求。预留钢筋的中心线位置允许偏差为 5mm。

注：本内容参照《混凝土结构工程施工质量验收规范》GB 50204—2015 第 9.2.7 条的规定。

2. 质量保障措施

钢筋绑扎时，将预留钢筋调直理顺，并将表面砂浆等杂物清理干净。先立 2～4 根纵向筋，并做好横筋分档标记，然后于下部及齐胸处绑 2 根定位水平筋，在横筋上做好分档标记，再绑其余纵向筋，最后绑其余横筋。若剪力墙中有暗梁、暗柱时，应先绑暗梁、暗柱，再绑周围横筋。

混凝土浇筑前对伸出的墙体钢筋进行修整，并绑 1 道临时横筋固定伸出筋的间距（甩筋的间距）。墙体混凝土浇筑时派专人看管钢筋，浇筑完后，立即对伸出的钢筋（甩筋）进行修整。

注：本内容参照《混凝土结构工程施工工艺标准》DBJ-T61-31—2005 第 9.4.2.8 条的规定。

1.4 钢筋加工细则

📋《质量安全手册》第 3.2.4 条：

> 钢筋加工符合设计和规范要求。

📖实施细则：

1.4.1 钢筋除锈

1. 质量目标

钢筋表面不得有颗粒状或片状老锈。

注：本内容参照《混凝土结构工程施工质量验收规范》GB 50204—2015 第 5.2.4 条的规定。

2. 质量保障措施

（1）钢筋表面有锈会影响钢筋的握裹力或锚固性能，因此，在使用之前要除掉钢筋表面的锈蚀。

（2）预应力筋进场后可能会由于保管不当引起锈蚀、污染等，使用前应进行外观质量检查。对有粘结预应力筋，可按各有关标准进行检查。对无粘结预应力筋，若出现护套破损时，不仅影响密封性，也会增加预应力摩擦损失，故需保护其塑料护套，尤其在地下结构等潮湿环境中采用无粘结预应力筋时，更需要注意其护套完整。轻微破损处可用防水聚乙烯胶带封闭，其中每圈胶带搭接宽度一般大于胶带宽度的 1/2，缠绕层数不少于 2 层，而且缠绕长度超过破损长度 30mm。

注：本内容参照《混凝土结构工程施工质量验收规范》GB 50204—2015 第 6.2.6 条的规定。

（3）钢筋加工前应清理表面的油渍、漆污和铁锈，可采用除锈机、风砂枪等机械方法。当钢筋数量较少时，也可采用人工除锈。除锈后的钢筋要尽快使用，长时间未使用的钢筋在使用前同样应按本条规定进行清理。有颗粒状、片状老锈或有损伤的钢筋性能无法保证，不应在工程中使用。对于锈蚀程度较轻的钢筋，也可根据实际情况直接使用。

注：本内容参照《混凝土结构工程施工规范》GB 50666—2011 第 5.3.1 条的规定。

1.4.2 钢筋调直

1. 质量目标

盘卷钢筋调直后应进行力学性能和重量偏差检验，其强度应符合国家现行有关标准的规定，其断后伸长率、重量偏差应符合表 1-2 的规定。

检验方法：检查抽样检验报告。

盘卷钢筋调直后的断后伸长率、重量偏差要求　　　　　　　　　　　表 1-2

钢筋牌号	断后伸长率 A(%)	重量偏差(%)	
		直径 6～12mm	直径 14～16mm
HPB300	≥21	≥-10	—
HRB335、HRBF335	≥16	≥-8	≥-6
HRB400、HRBF400	≥15		
RRB400	≥13		
HRB500、HRBF500	≥14		

注：断后伸长率 A 的量测标距为 5 倍钢筋直径。

注：本内容参照《混凝土结构工程施工质量验收规范》GB 50204—2015 第 5.3.4 条的规定。

2. 质量保障措施

（1）钢筋调直的方法及要求

钢筋可以采用机械设备进行调直，也可采用冷拉方法调直。

机械调直有利于保证钢筋质量、控制钢筋强度，是推荐采用的钢筋调直方式。当采用机械设备调直时，调直设备的牵引力不应大于钢筋的屈服力；当采用冷拉方法调直时，应控制调直冷拉率，以免影响钢筋的力学性能。HPB300 光圆钢筋的冷拉率不宜大于 4%；HRB335、HRB400、HRB500、HRBF335、HRBF400、HRBF500 及 RRB400 带肋钢筋的冷拉率，不宜大于 1%。

带肋钢筋进行机械调直时，应注意保护钢筋横肋，以避免横肋损伤造成钢筋锚固性能降低。调直后的钢筋应平直，不应有局部弯折。一般来讲，钢筋中心线同直线的偏差不应超过全长的 1%。

注：本内容参照《混凝土结构工程施工规范》GB 50666—2011 第 5.3.3 条的规定。

（2）力学性能和重量偏差检验

1）钢筋调直后，应检查力学性能和单位长度重量偏差。采用无延伸功能的机械设备调直的钢筋，可不进行本条规定的检查。

注：本内容参照《混凝土结构工程施工规范》GB 50666—2011 第 5.5.3 条的规定。

2）力学性能和重量偏差检验应符合下列规定：

① 应对 3 个试件先进行重量偏差检验，再取其中 2 个试件进行力学性能检验。

② 重量偏差应按式（1-1）计算：

$$\Delta = \frac{W_\mathrm{d} - W_0}{W_0} \times 100 \tag{1-1}$$

式中：Δ——重量偏差（%）；

W_d——3 个调直钢筋试件的实际重量之和（kg）；

W_0——钢筋理论重量（kg），取每米理论重量（kg/m）与 3 个调直钢筋试件长度之和（m）的乘积。

③ 检验重量偏差时，试件切口应平滑并与长度方向垂直，其长度不应小于 500mm。长度和重量的量测精度分别不应低于 1mm 和 1g。

注：本内容参照《混凝土结构工程施工质量验收规范》GB 50204—2015 第 5.3.4 条的规定。

1.4.3 钢筋切断

1. 质量目标

钢筋加工的形状、尺寸应符合设计要求，其偏差应符合表 1-3 的规定。

检验方法：尺量。

钢筋加工的允许偏差　　　　表 1-3

项　目	允许偏差（mm）
受力钢筋长度方向全长的净尺寸	±10
箍筋内净尺寸	±5

注：本内容参照《混凝土结构工程施工质量验收规范》GB 50204—2015 第 5.3.5 条的规定。

2. 质量保障措施

在钢筋工程施工中，钢筋切断分为人工切断和机械切断两种。钢筋下料时必须按钢筋下料长度切断。手动切断器只适用于切断直径小于 16mm 的钢筋；钢筋切断机可切断直径 40mm 的钢筋。人工切断生产效率低、加工质量差、安全性不高，一般应尽量采用机械切断。

预应力筋的下料长度应经计算确定，并应采用砂轮锯切断机等机械方法切断。

注：本内容参照《混凝土结构工程施工规范》GB 50666—2011 第 6.3.1 条的规定。

（1）切断前的准备

1）根据钢筋配料单复核料牌上所标注的钢筋直径、尺寸、根数是否正确。根据工地的库存钢筋情况做好下料方案，长短搭配，尽量减少损耗。

2）避免使用短尺量长料，防止产生累积误差。

3）使用前应当认真检查刀片安装是否牢固，两刀片的间隙是否在 0.5～1mm 范围内，必要时可在固定刀片侧面加垫板调整。

4）空运转 10min，踩踏离合器 3～5 次，检查机器运转是否正常。如果有异常现象应立即停机，检查原因，排除故障。

5）检查电气设备是否正常，所有零件是否拧紧，经过空车试运转正常后，方可使用。

（2）钢筋送料

1）切断机和接送料工作台如果是固定的，可在工作台上画尺寸刻度线（以切断机的固定刀口作为起始线）以期操作方便，尺寸正确；

2）在进行钢筋切断时，必须是先调直后切断。在钢筋送料时，应在活动刀片退离固定刀片时进行，钢筋应放在刀刃的中部并垂直于切断刀口。

3）不允许用手直接送料，如果手握一端长度小于 400mm 时，应当用套管或钳子夹住短筋送料，以防止钢筋弹出伤人。

（3）钢筋切断

1）下第 1 根料后，应按配料单复查核对，其长度误差不应超过±10mm，合格后再批量下料；

2）切断时钢筋要摆直；

3）当一次切断多根钢筋时，其总截面面积应在规定的范围以内。当切断低合金钢等特种钢筋时，应随时更换相应的高硬度刀片。钢筋宜在刀片的中下部切断，以延长机器的使用寿命。在切断钢筋时，必须要握紧切断的钢筋，以防止钢筋末端摆动或弹出伤人。在切断短钢筋时，靠近刀片的手和刀片之间的距离应大于 150mm。

4）对机械连接或对焊连接有要求的钢筋断口宜用砂轮锯切割，防止断口呈马蹄形。

5）液压式钢筋切断机每切断一次，必须用手扳动钢筋，给活动刀片以回程压力，这样才能继续工作。

6）钢筋切断作业完毕后，应及时清除刀具和刀具下面的杂物，并清洁切断机的机体。

注：本内容参照《建筑安装工程施工技术操作规程》DB 21/900.6—2005 第 4.4.1、4.4.2 条的规定。

1.4.4　钢筋弯曲成型

1. 质量目标

（1）钢筋弯折的弯弧内直径应符合规范规定。

检验方法：尺量。

注：本内容参照《混凝土结构工程施工质量验收规范》GB 50204—2015 第 5.3.1 条的规定。

（2）纵向受力钢筋弯折后的平直段长度应符合设计要求。光圆钢筋末端做 180°弯钩时，弯钩弯折后的平直段长度不应小于钢筋直径的 3 倍。

检验方法：尺量。

注：本内容参照《混凝土结构工程施工质量验收规范》GB 50204—2015 第5.3.2条的规定。

（3）弯起钢筋弯折位置的允许偏差为±20mm。

注：本内容参照《混凝土结构工程施工质量验收规范》GB 50204—2015 第5.3.5条的规定。

2. 质量保障措施

（1）钢筋弯折的要求

钢筋弯折宜在常温状态下进行，弯折过程中不应对钢筋进行加热。钢筋应一次弯折到位，对于弯折过度的钢筋，不得回弯。

注：本内容参照《混凝土结构工程施工规范》GB 50666—2011 第5.3.2条的规定。

（2）弯弧内径要求

1）对于光圆钢筋，弯弧内直径不应小于钢筋直径的2.5倍；

2）335MPa级、400MPa级带肋钢筋，弯弧内直径不应小于钢筋直径的4倍；

3）500MPa级带肋钢筋，当直径为28mm以下时，不应小于钢筋直径的6倍；当直径为28mm及以上时，不应小于钢筋直径的7倍；

4）位于框架结构顶层端节点处的梁上部纵向钢筋和柱外侧纵向钢筋，在节点角部弯折处，当钢筋直径为28mm以下时，不宜小于钢筋直径的12倍；当钢筋直径为28mm及以上时，不宜小于钢筋直径的16倍；

5）箍筋弯折处还不应小于纵向受力钢筋直径。箍筋弯折处纵向受力钢筋为搭接钢筋或并筋时，应按钢筋实际排布情况确定箍筋弯弧内直径。

注：本内容参照《混凝土结构工程施工规范》GB 50666—2011 第5.3.4条的规定。

（3）弯后平直段长度

光圆钢筋末端做180°弯钩时，弯钩弯折后的平直段长度不应小于钢筋直径的3倍。

注：本内容参照《混凝土结构工程施工规范》GB 50666—2011 第5.3.5条的规定。

1.5　钢筋牌号、规格和数量细则

📋 **《质量安全手册》第3.2.5条：**

钢筋的牌号、规格和数量符合设计和规范要求。

📖 **实施细则：**

1.5.1　钢筋的牌号和规格

1. 质量目标

钢筋安装时，受力钢筋的牌号和规格必须符合设计要求。

检验方法：观察。

注：本内容参照《混凝土结构工程施工质量验收规范》GB 50204—2015 第5.5.1条

的规定。

2. 质量保障措施

（1）常用钢筋的牌号及规格

1）热轧光圆钢筋

热轧光圆钢筋屈服强度特征值 300 级。其钢筋牌号的构成及含义见表 1-4。

热轧光圆钢筋牌号　　表 1-4

产品名称	牌号	牌号构成	英文字母含义
热轧光圆钢筋	HPB300	由 HPB+屈服强度特征值构成	HPB—热轧光圆钢筋的英文（Hot rolled Plain Bars)缩写

注：本内容参照《钢筋混凝土用钢　第一部分：热轧光圆钢筋》GB 1499.1—2017 第 4.2 条的规定。

热轧光圆钢筋的公称直径范围为 6～22mm，标准推荐的钢筋公称直径为 6mm、8mm、10mm、12mm、16mm、20mm。

注：本内容参照《钢筋混凝土用钢　第一部分：热轧光圆钢筋》GB 1499.1—2017 第 6.1 条的规定。

2）热轧带肋钢筋

热轧带肋钢筋按屈服强度特征值分为 400、500、600 级。其钢筋牌号的构成及含义见表 1-5。

热轧带肋钢筋牌号的构成及含义　　表 1-5

类别	牌号	牌号构成	英文字母含义
普通热轧钢筋	HRB400	由 HRB+屈服强度特征值构成	HRB—热轧带肋钢筋的英文(Hot rolled Ribbed Bars)缩写。 E——"地震"的英文(Earthquake)首位字母
	HRB500		
	HRB600		
	HRB400E	由 HRB+屈服强度特征值+E 构成	
	HRB500E		
细晶粒热轧钢筋	HRBF400	由 HRBF+屈服强度特征值构成	HRBF—在热轧带肋钢筋的英文缩写后加"细"的英文(Fine)首位字母 E——"地震"的英文(Earthquake)首位字母
	HRBF500		
	HRBF400E	由 HRBF+屈服强度特征值+E 构成	
	HRBF500E		

注：本内容参照《钢筋混凝土用钢　第 2 部分：热轧带肋钢筋》GB/T 1499.2—2018 第 4.1～4.2 条的规定。

钢筋的公称直径范围为 6～50mm。

注：本内容参照《钢筋混凝土用钢　第 2 部分：热轧带肋钢筋》GB 1499.2—2018 第 6.1 条的规定。

3）冷轧带肋钢筋

冷轧带肋钢筋分为 CRB550、CRB650、CRB800、CRB600H、CRB680H、CRB800H 六个牌号。CRB550、CRB600H 为普通钢筋混凝土用钢筋，CRB650、CRB800、

CRB800H 为预应力混凝土用钢筋。CRB680H 既可作为普通钢筋混凝土用钢筋，也可作为预应力混凝土用钢筋。

注：本内容参照《冷轧带肋钢筋》GB/T 13788—2017 第 4.2 条的规定。

CRB550、CRB600H、CRB680H 钢筋的公称直径范围为 4～12mm，CRB650、CRB800、CRB800H 的钢筋的公称直径为 4mm、5mm、6mm。

注：本内容参照《冷轧带肋钢筋》GB 13788—2017 第 5.1 条的规定。

4）余热处理钢筋

钢筋混凝土用余热处理钢筋按屈服强度特征值分为 400、500 级，按用途分为可焊和非可焊。其钢筋牌号的构成及含义见表 1-6。

余热处理钢筋牌号 表 1-6

类别	牌号	牌号构成	英文字母含义
余热处理钢筋	RRB400	由 RRB+规定的屈服强度特征值构成	RRB—余热处理钢筋的英文缩写，W—焊接的英文缩写
	RRB500		
	RRB400W	由 RRB+规定的屈服强度特征值构成+可焊	
	RRB500W		

注：本内容参照《钢筋混凝土用余热处理钢筋》GB 13014—2013 第 4.2 条的规定。

余热处理钢筋的公称直径范围为 8～40mm，标准推荐的钢筋公称直径为 8mm、10mm、12mm、16mm、20mm、25mm、32mm 和 40mm。

注：本内容参照《钢筋混凝土用余热处理钢筋》GB 13014—2013 第 6.1 条的规定。

（2）钢筋的选择及要求

对有抗震设防要求的结构，其纵向受力钢筋的强度应满足设计要求；当设计无具体要求时，对按一、二、三级抗震等级设计的框架和斜撑构件（含梯级）中的纵向受力普通钢筋应采用 HRB335E、HRB400E、HRB500E、HRBF335E、HRBF400E 或 HRBF500E 钢筋，其强度和最大力下总伸长率的实测值应符合下列规定：

（1）抗拉强度实测值与屈服强度实测值的比值不应小于 1.25；

（2）屈服强度实测值与屈服强度标准值的比值不应大于 1.30；

（3）最大力下总伸长率不应小于 9%。

检验方法：检查抽样检验报告。

注：本内容参照《混凝土结构工程施工质量验收规范》GB 50204—2015 第 5.2.3 条的规定。

钢筋安装后应检查品种、级别、规格。受力钢筋的牌号、规格对结构构件的受力性能有重要影响，必须符合设计要求。较大直径带肋钢筋的牌号、规格可根据钢筋外观的轧制标志识别。光圆钢筋和小直径带肋钢筋外观没有轧制标志，安装时应对其牌号特别注意。

注：本内容参照《混凝土结构工程施工质量验收规范》GB 50204—2015 第 5.5.1 条及《混凝土结构工程施工规范》GB 50666—2011 第 5.5.4 条的规定。

1.5.2 钢筋的数量

1. 质量目标

钢筋安装时，受力钢筋的数量必须符合设计要求。

检验方法：观察。

注：本内容参照《混凝土结构工程施工质量验收规范》GB 50204—2015 第 5.5.1 条的规定。

2. 质量保障措施

（1）构件中的钢筋可采用并筋的配置形式。直径 28mm 及以下的钢筋并筋数量不应超过 3 根；直径 32mm 的钢筋并筋数量宜为 2 根；直径 36mm 及以上的钢筋不应采用并筋。

注：本内容参照《混凝土结构设计规范》GB 50010—2010 第 4.2.7 条的规定。

（2）梁的纵向受力钢筋伸入梁支座范围内的钢筋不应少于 2 根。

注：本内容参照《混凝土结构设计规范》GB 50010—2010 第 9.2.1 条的规定。

（3）在钢筋混凝土悬臂梁中，应有不少于 2 根上部钢筋伸至悬臂梁外端。

注：本内容参照《混凝土结构设计规范》GB 50010—2010 第 9.2.4 条的规定。

（4）梁的上部纵向构造钢筋，当梁端按简支计算但实际受到部分约束时，应在支座区上部设置纵向构造钢筋，数量不应少于 2 根。

注：本内容参照《混凝土结构设计规范》GB 50010—2010 第 9.2.6 条的规定。

（5）圆柱中纵向钢筋不宜少于 8 根，不应少于 6 根，且宜沿周边均匀布置。

注：本内容参照《混凝土结构设计规范》GB 50010—2010 第 9.3.1 条的规定。

（6）沿牛腿顶部配置的纵向受力钢筋，承受竖向力所需的纵向受力钢筋的配筋率不应小于 0.20%，也不宜大于 0.60%，钢筋数量不宜少于 4 根（直径 12mm）。

注：本内容参照《混凝土结构设计规范》GB 50010—2010 第 9.3.12 条的规定。

（7）当牛腿的剪跨比不小于 0.3 时，宜设置弯起钢筋。弯起钢筋截面面积不宜小于承受竖向力的受拉钢筋截面面积的 1/2，且不宜少于 2 根钢筋（直径 12mm）。

注：本内容参照《混凝土结构设计规范》GB 50010—2010 第 9.3.13 条的规定。

（8）墙洞口连梁应沿全长配置箍筋，箍筋直径不应小于 6mm，间距不宜大于 150mm。墙洞口上下两边的水平钢筋除应满足洞口连梁正截面受弯承载力的要求外，还不应少于 2 根钢筋（直径不小于 12mm）。

注：本内容参照《混凝土结构设计规范》GB 50010—2010 第 9.4.7 条的规定。

（9）剪力墙墙肢两端应配置竖向受力钢筋，并与墙内的竖向分布钢筋共同用于墙的正截面受弯承载力计算。每端的竖向受力钢筋不宜少于 4 根（直径为 12mm）或 2 根（直径为 16mm），并宜沿该竖向钢筋方向配置直径不小于 6mm、间距为 250mm 的箍筋或拉筋。

注：本内容参照《混凝土结构工程施工规范》GB 50666—2011 第 9.4.8 条的规定。

（10）钢筋安装后，应检查钢筋的数量是否正确。

注：本内容参照《混凝土结构工程施工规范》GB 50666—2011 第 5.5.4 条的规定。

1.6　钢筋的安装位置细则

📋《质量安全手册》第 3.2.6 条：

钢筋的安装位置符合设计和规范要求。

1.6.1 墙、柱、梁钢筋的安装位置

1. 质量目标

钢筋的安装位置应符合设计要求。

检验方法：观察，尺量。

注：本内容参照《混凝土结构工程施工质量验收规范》GB 50204—2015 第 5.5.2 条的规定。

2. 质量保障措施

梁及柱中箍筋、墙中水平分布钢筋、板中钢筋距构件边缘的起始距离宜为 50mm。

具体适用范围为：梁端第一个箍筋的位置，柱底部第一个箍筋的位置，也包括暗柱及剪力墙边缘构件，楼板边第一根钢筋的位置，墙体底部第一个水平分布钢筋及暗柱箍筋的位置。

注：本内容参照《混凝土结构工程施工规范》GB 50666—2011 第 5.4.7 条的规定。

1.6.2 构件交界处的钢筋位置

1. 质量目标

钢筋的安装位置应符合设计要求。

检验方法：观察，尺量。

注：本内容参照《混凝土结构工程施工质量验收规范》GB 50204—2015 第 5.4.8 条的规定。

2. 质量保障措施

构件交接处的钢筋位置应符合设计要求。当设计无具体要求时，应保证主要受力构件和构件中主要受力方向的钢筋位置。

框架节点处梁纵向受力钢筋宜放在柱纵向钢筋内侧。当主次梁底部标高相同时，次梁下部钢筋应放在主梁下部钢筋之上。

剪力墙水平分布钢筋为主要受力钢筋，故放在外侧。对于承受平面内弯矩较大的挡土墙等构件，水平分布钢筋也可放在内侧。

注：本内容参照《混凝土结构工程施工规范》GB 50666—2011 第 5.4.8 条的规定。

1.7 保障钢筋位置的措施细则

📋《质量安全手册》第 3.2.7 条：

保证钢筋位置的措施到位。

1. 质量目标

（1）主控项目的检查应符合下列要求：

1）混凝土浇筑前应对钢筋间隔件的安放质量进行检查，其形式、规格、数量及固定方式应符合施工方案的要求。

检查方法：目测，用尺量。

2）钢筋间隔件安放的保护层厚度允许偏差应符合表 1-7 的规定。

检查方法：用尺量。

钢筋间隔件安放的保护层厚度允许偏差　　　　　　　　　表 1-7

构件类型	允许偏差（mm）
梁（柱）类	+8，-5
板（墙）类	+5，-3

（2）一般项目的检查应符合下列规定：

1）钢筋间隔件的安放位置应符合施工方案，其允许偏差应符合表 1-8 的规定。

检查方法：目测，用尺量。

钢筋间隔件的安放位置允许偏差　　　　　　　　　表 1-8

检查项目		允许偏差
位置	平行于钢筋方向	50mm
	垂直于钢筋方向	0.5d

注：表中 d 为被间隔钢筋直径。

2）钢筋间隔件的安放方向应与被间隔钢筋的排放方式一致。

检查方法：目测。

注：本内容参照《混凝土结构用钢筋间隔件应用技术规程》JGJ/T 219—2010 第 6.4.2 条的规定。

2. 质量保障措施

钢筋安装应采用定位件固定钢筋的位置，并宜采用专用定位件。定位件应具有足够的承载力、刚度、稳定性和耐久性。定位件的数量、间距和固定方式，应能保证钢筋的位置偏差符合国家现行有关标准的规定。

钢筋定位件主要有专用定位件、水泥砂浆或混凝土制成的垫块、金属马凳、梯子筋等。专用定位件多为塑料制成，有利于控制钢筋的混凝土保护层厚度、安装尺寸偏差和构件的外观质量。砂浆或混凝土垫块的强度是定位件承载力、刚度的基本保证。对细长的定位件，还应防止失稳。定位件将留在混凝土构件中，不应降低混凝土结构的耐久性，如砂浆或混凝土垫块的抗渗、抗冻、防腐等性能应与结构混凝土相同或相近。从耐久性角度出发，在框架梁、柱混凝土保护层内，不应使用金属定位件。对于精度要求较高的预制构件，应减少砂浆或混凝土垫块的使用。当采用体量较大的定位件时，定位件不能影响结构的受力性能。本条所称定位件有时也称间隔件。

注：本内容参照《混凝土结构工程施工规范》GB 50666—2011 第 5.4.9 条的规定。

（1）板类表层钢筋间隔件安放

1）板类构件表层间隔件的安放应满足钢筋不发生塑性变形的要求，并保证钢筋间隔件不破损。

2）混凝土板类的表层间隔件宜按阵列式放置在纵横钢筋交叉点的位置，两个方向的间距均不宜大于表 1-9 的规定。

板类的钢筋间隔件安放间距（m）　　　　　　　　表1-9

钢筋间距(mm)		受力钢筋直径(mm)		
		6～10	12～18	>20
单向板配筋	<50	1.0	1.5	2.0
	60～100	0.8	1.5	2.0
	110～150	0.6	1.0	2.0
	160～200	0.5	1.0	2.0
	>200	0.5	0.8	2.0
双向板配筋	<50	1.2	2.0	2.5
	60～100	1.0	2.0	2.5
	110～150	0.8	1.5	2.5
	160～200	0.8	1.5	2.5
	>200	0.6	1.0	2.5

注：1. 双向板以短边方向钢筋确定。

2. 直径大于32mm钢筋间距应保证被间隔钢筋竖向变形基础不大于10mm、板不大于3mm。

注：本内容参照《混凝土结构用钢筋间隔件应用技术规程》JGJ/T 219—2010 第6.2.1、6.2.2条的规定。

（2）梁类表层钢筋间隔件安放

1）混凝土梁类的竖向表层间隔件应放置在最下层受力钢筋下面，当安放在箍筋下面时，其间隔尺寸应做相应的调整。安放间距不应大于表1-10的规定。纵横梁钢筋相交处应增设钢筋间隔件。

梁类竖向表层间隔件的安放间距（m）　　　　　　　表1-10

跨中上层钢筋直径(mm)	≤10	12～18	20～25	≥25
安放间距	0.6	1.0	1.5	2.0

2）梁类构件的水平表层间隔件应放置在受力钢筋侧面，当安放在箍筋侧面时，其间隔尺寸应做相应的调整。对侧面配有腰筋的梁，在腰筋部位应放置同样数量的水平间隔件。安放间距不应大于表1-11的规定。

梁类水平表层间隔件的安放间距（m）　　　　　　　表1-11

钢筋直径(mm)	≤10	12～18	20～25	≥25
安放间距	0.8	1.2	1.8	2.2

注：本内容参照《混凝土结构用钢筋间隔件应用技术规程》JGJ/T 219—2010 第6.2.3条的规定。

（3）混凝土墙、柱类表层钢筋间隔件安放

1）混凝土墙类的表层间隔件应采用阵列式放置在最外层受力钢筋处。水平与竖向安放间距不应大于表1-12的规定。

混凝土墙类表层间隔件的安放间距（m）　　　　　　　　　表 1-12

外层受力钢筋直径(mm)	≤8	10～16	18～22	≥25
安放间距	0.5	0.8	1.0	1.2

2）混凝土柱类的表层间隔件应放置在纵向钢筋的外侧面，其水平间距不应大于0.4m，竖向间距不宜大于0.8m，水平与竖向表层间隔件每侧均不应少于2个，并对称放置。

注：本内容参照《混凝土结构用钢筋间隔件应用技术规程》JGJ/T 219—2010 第6.2.4、6.2.5条的规定。

（4）灌注桩表层钢筋间隔件安放

灌注桩的表层间隔件，当采用混凝土圆柱状钢筋间隔件时，应安放在同一环向箍筋上；当采用金属弓形钢筋间隔件时，应与纵向钢筋焊接，焊接时应防止钢筋受焊弧损伤。固定形式如图1-7所示。安放间距应符合表1-13的规定，并且每节钢筋笼不应少于2组，长度大于12m的，中间应增设1组。

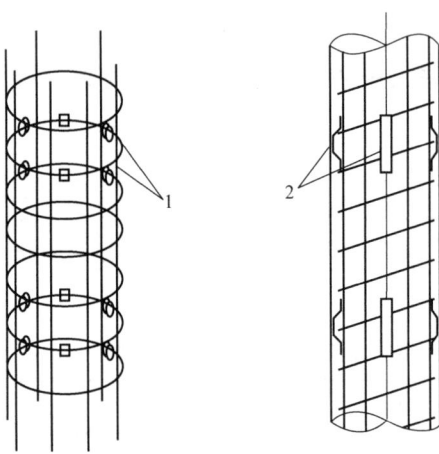

图 1-7　灌注桩表层间隔件
1—混凝土环；2—钢板弓形钢筋间隔件

灌注桩表层间隔件的安放间距（m）　　　　　　　　　表 1-13

纵向钢筋直径(mm)		≤8	10～16	18～22	≥25
竖向间距		3.0	4.0	5.0	6.0
水平间距(弧长)	桩径≤800(mm)	0.8,且不少于3个			
	桩径>800(mm)	1.0			

注：本内容参照《混凝土结构用钢筋间隔件应用技术规程》JGJ/T 219—2010 第6.2.6条的规定。

（5）斜向构件表层钢筋间隔件安放

1）与水平面的夹角不大于45°的斜向构件，其表层间隔件安放的斜向间距可根据构件类型按板类或梁类构件取值；

2）与水平面的夹角大于 45°的斜向构件，其表层间隔件安放的斜向间距可根据构件类型按柱类或墙类构件取值。

注：本内容参照《混凝土结构用钢筋间隔件应用技术规程》JGJ/T 219—2010 第6.2.7 条的规定。

（6）内部钢筋间隔件安放

1）安放竖向内部间隔件

① 厚（高）度大于或等于 1000mm 混凝土板、梁及其他大型构件的竖向内部间隔件其间距应根据计算确定；

② 梁类竖向内部间隔件可采用独立式或组合式。竖向内部间隔件应直接支承于模板或垫层。在钢筋上下分别放置钢筋间隔件，如梁底部钢筋下放置表层间隔件，在其上面又放置了内部间隔件，这两个钢筋间隔件应在同一垂线上，以防止钢筋受到附加弯矩。

③ 预应力曲线型布筋时，竖向内部间隔件可安放在底模或定位于已安装好的非预应力筋。钢筋间隔件间距应专门设计，其安放曲率应符合设计要求。

2）安放水平内部间隔件

① 墙类水平内部间隔件宜采用阵列式布置。

② 梁类水平内部间隔件应安放在已固定好的外侧钢筋上。

注：本内容参照《混凝土结构用钢筋间隔件应用技术规程》JGJ/T 219—2010 第6.3.1、6.3.2 条的规定。

1.8 钢筋连接细则

📋 《质量安全手册》第 3.2.8 条：

钢筋连接符合设计和规范要求。

1.8.1 直螺纹连接

1. 质量目标

（1）钢筋接头的力学性能、弯曲性能应符合国家现行有关标准的规定。

检验方法：检查质量证明文件和抽样检验报告。

注：本内容参照《混凝土结构工程施工质量验收规范》GB 50204—2015 第 5.4.2 条的规定。

（2）螺纹接头应检验拧紧扭矩值，检验结果应符合规范规定。

检验方法：采用专用扭力扳手或专用量规检查。

注：本内容参照《混凝土结构工程施工质量验收规范》GB 50204—2015 第 5.4.3 条的规定。

2. 质量保障措施

（1）套筒的种类

常见直螺纹套筒型式可分为标准型、异径型、正反丝型和扩口型 4 种，见图 1-8。

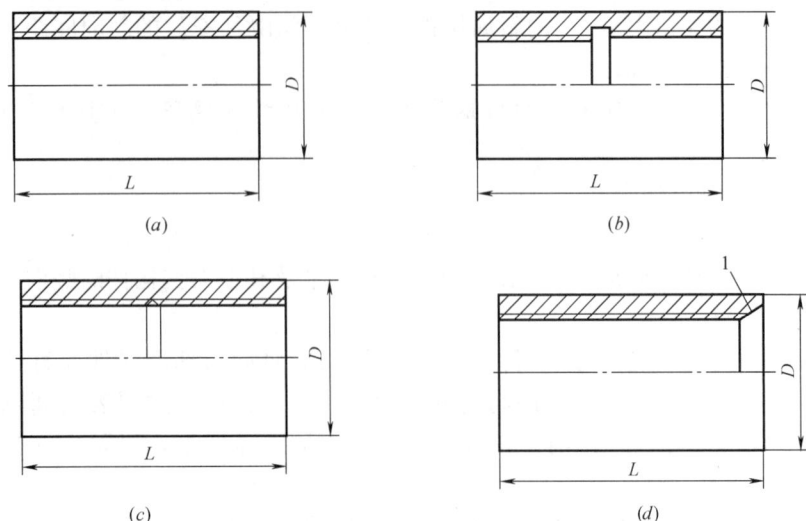

图 1-8 直螺纹套筒示意图

(*a*) 直螺纹标准型套筒；(*b*) 直螺纹异径型套筒；(*c*) 直螺纹正反丝型套筒；(*d*) 直螺纹扩口型套筒

1—扩口

注：本内容参照《钢筋机械连接用套筒》JG/T 163—2013 第 4.2.1 条的规定。

（2）接头的加工

1）丝头的加工工人经过专业技术培训以及人员的相对稳定是钢筋接头质量控制的重要环节，因此，操作工人应经专业技术人员培训合格后才能上岗，人员应相对稳定。

2）接头的工艺检验是检验施工现场的进场钢筋与接头加工工艺适应性的重要步骤，应在工艺检验合格后再开始加工，防止盲目大量加工造成损失，因此，钢筋接头的加工应经工艺检验合格后方可进行。

注：本内容参照《钢筋机械连接技术规程》JGJ 107—2016 第 6.1.1～6.1.2 条的规定。

3）直螺纹钢筋接头加工时，应保持丝头端面的基本平整，使安装扭矩能有效形成丝头的相互对顶力，消除或减少钢筋受拉时因螺纹间隙造成的变形。为了避免因丝头端面不平造成接触端面间相互卡位而消耗大部分拧紧扭矩和减少螺纹有效扣数，直螺纹钢筋接头应切平或镦平后再加工螺纹。

4）镦粗直螺纹钢筋接头有时会在钢筋镦粗段产生沿钢筋轴线方向的表面裂纹，国内外试验均表明，这类裂纹不影响接头性能，规范允许出现这类裂纹，但横向裂纹则是不允许的。

5）钢筋丝头长度应满足企业标准中的产品设计要求，公差应为 $0\sim2.0p$（p 为螺距），保证丝头在套筒内可相互顶紧，以减少残余变形。

6）钢筋丝头宜满足 6f 级精度要求，应用专用直螺纹量规检验，通规能顺利旋入并达到要求的拧入长度，止规旋入不得超过 $3p$。抽检数量 10%，检验合格率不应小于 95%。

注：本内容参照《钢筋机械连接技术规程》JGJ 107—2016 第 6.2.1 条的规定。

（3）接头的安装

1）安装接头时可用管钳扳手拧紧，应使钢筋丝头在套筒中央位置相互顶紧，以减少接头残余变形。为保证丝头完全拧入套筒，标准型、正反丝型、异径型接头安装后的单侧外露螺纹不宜超过 $2p$。对无法对顶的其他直螺纹接头，应附加锁紧螺母、顶紧凸台等措施紧固。

2）安装后，应该用扭力扳手校核拧紧扭矩，拧紧扭矩值应符合表 1-14 的规定。

3）校核用扭力扳手的准确度级别可选用 10 级。

直螺纹接头安装时的最小拧紧扭矩值　　　　　　表 1-14

钢筋直径(mm)	≤16	18～20	22～25	28～32	36～40	50
拧紧扭矩(N·m)	100	200	260	320	360	460

注：本内容参照《钢筋机械连接技术规程》JGJ 107—2016 第 6.3.1 条的规定。

1.8.2　锥螺纹连接

1. 质量目标

(1) 钢筋接头的力学性能、弯曲性能应符合国家现行有关标准的规定。

注：本内容参照《混凝土结构工程施工质量验收规范》GB 50204—2015 第 5.4.2 条的规定。

检验方法：检查质量证明文件和抽样检验报告。

(2) 螺纹接头应检验拧紧扭矩值，检验结果应符合规范规定。

检验方法：采用专用扭力扳手或专用量规检查。

注：本内容参照《混凝土结构工程施工质量验收规范》GB 50204—2015 第 5.4.3 条的规定。

2. 质量保障措施

(1) 套筒的种类

常见锥螺纹套筒型式可分为标准型和异径型两种，见图 1-9。

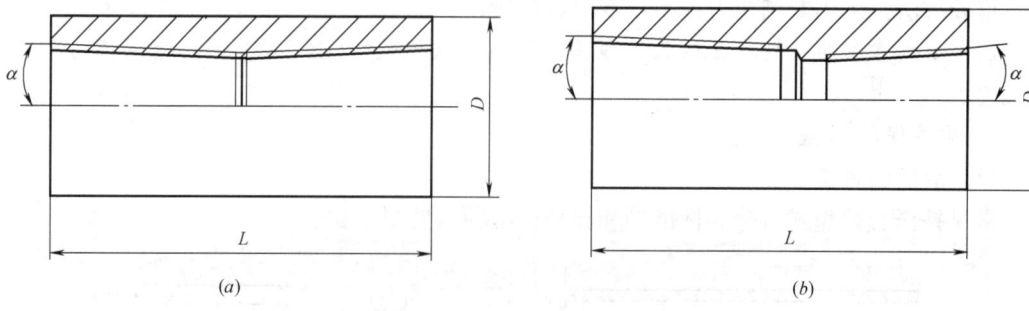

图 1-9　锥螺纹套筒示意图

(a) 锥螺纹标准型套筒；(b) 锥螺纹异径型套筒

α—螺纹锥度

注：本内容参照《钢筋机械连接用套筒》JG/T 163—2013 第 4.2.2 条的规定。

(2) 接头的加工

1）钢筋端部不得有影响螺纹加工的局部弯曲，对个别端部严重不平的钢筋需要切平后制作螺纹；

2）钢筋丝头长度应满足设计要求，拧紧后的钢筋丝头不得相互接触，丝头加工长度极限偏差应为 $-0.5 \sim -1.5p$。

3）钢筋丝头的锥度和螺距应使用专用锥螺纹量规检验，各规格丝头的自检数量不应少于 10%，检验合格率不应小于 95%。

注：本内容参照《钢筋机械连接技术规程》JGJ 107—2016 第 6.2.2 条的规定。

（3）接头的安装

1）接头安装时容易产生连接套筒与钢筋不相匹配的误接，因此，安装时应严格保证钢筋与连接件的规格相一致；

2）接头安装时应用扭力扳手拧紧，拧紧扭矩值应符合表 1-15 的要求；

3）校核用扭力扳手与安装用扭力扳手应区分使用，校核用扭力扳手应每年校核 1 次，准确度级别应选用 5 级。

锥螺纹接头安装时的拧紧扭矩值　　　　　　　　表 1-15

钢筋直径(mm)	≤16	18~20	22~25	28~32	36~40	50
拧紧扭矩(N·m)	100	180	240	300	360	460

注：本内容参照《钢筋机械连接技术规程》JGJ 107—2016 第 6.3.2 条的规定。

1.8.3　挤压连接

1. 质量目标

（1）钢筋接头的力学性能、弯曲性能应符合国家现行有关标准的规定。

注：本内容参照《混凝土结构工程施工质量验收规范》GB 50204—2015 第 5.4.2 条的规定。

检验方法：检查质量证明文件和抽样检验报告。

（2）挤压接头应量测压痕直径，检验结果应符合规范规定。

检验方法：采用专用扭力扳手或专用量规检查。

注：本内容参照《混凝土结构工程施工质量验收规范》GB 50204—2015 第 5.4.3 条的规定。

2. 质量保障措施

（1）套筒的种类

常见挤压套筒型式可分为标准型和异径型两种，见图 1-10。

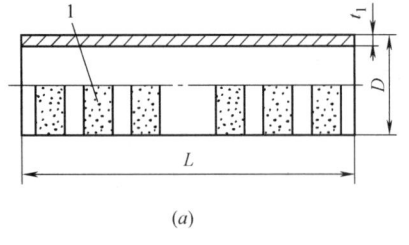 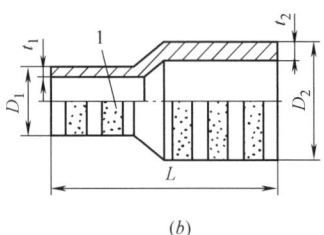

(a)　　　　　　　　　　　　　　　(b)

图 1-10　挤压套筒示意图
(a) 挤压标准型套筒；(b) 挤压异径型套筒
1—挤压标识

注：本内容参照《钢筋机械连接用套筒》JG/T 163—2013 第 4.2.3 条的规定。

（2）接头的安装

1）钢筋端部不得有局部弯曲，不得有严重锈蚀和附着物，遇有钢筋端部弯曲的应调直后再连接；

2）钢筋端部应有检查插入套筒深度的明显标记，钢筋端头离套筒长度中点不宜超过 10mm；

3）挤压应从套筒中央开始，依次向两端挤压，挤压后的压痕直径或套筒长度的波动范围应用专用量规进行检验；压痕处套筒外径应为原套筒外径的 0.80～0.90 倍，挤压后套筒长度应为原套筒长度的 1.10～1.15 倍；

4）挤压后的套筒不得有肉眼可见裂纹。

注：本内容参照《钢筋机械连接技术规程》JGJ 107—2016 第 6.3.3 条的规定。

1.8.4 钢筋电阻点焊

1. 质量目标

（1）钢筋采用焊接连接时，焊接接头的力学性能、弯曲性能应符合国家现行有关标准的规定。接头试件应从工程实体中截取。

注：本内容参照《混凝土结构工程施工质量验收规范》GB 50204—2015 第 5.4.2 条的规定。

检验方法：检查质量证明文件和抽样检验报告。

（2）焊接骨架外观质量检查结果，应符合下列规定：

1）焊点压入深度应为较小钢筋直径的 18%～25%；

2）每件制品的焊点脱落、漏焊数量不得超过焊点总数的 4%，且相邻两焊点不得有漏焊及脱落；

3）应量测焊接骨架的长度、宽度和高度，并应抽查纵横方向 3～5 个网格的尺寸，其允许偏差应符合表 1-16 的规定；

焊接骨架的允许偏差		表 1-16
项　目		允许偏差(mm)
焊接骨架	长度	±10
	宽度	±5
	高度	±5
骨架钢筋间距		±10
受力主筋	间距	±15
	排距	±5

4）当外观质量检查结果不符合上述规定时，应逐件检查，并剔出不合格品。对不合格品经整修后，可提交二次验收。

（3）焊接网外形尺寸检查和外观质量检查结果，应符合下列规定：

1）焊点压入深度应为较小钢筋直径的 18%～25%；

2）钢筋焊接网间距的允许偏差应取 ±10mm 和规定间距的 ±5% 的较大值。网片长度和宽度的允许偏差应取 ±25mm 和规定长度的 ±0.5% 的较大值。网格数量应符合设计规定；

3）钢筋焊接网焊点开焊数量不应超过整张网片交叉点总数的 1%，并且任一根钢筋上开焊点不得超过该支钢筋上交叉点总数的一半。焊接网最外边钢筋上的交叉点不得开焊；

4）钢筋焊接网表面不应有影响使用的缺陷。当性能符合要求时，允许钢筋表面存在浮锈和因矫直造成的轻微损伤。

注：本内容参照《钢筋焊接及验收规程》JGJ 18—2012 第 5.2 条的规定。

2. 质量保障措施

（1）钢筋直径及焊接参数的要求

1）钢筋焊接骨架和钢筋焊接网在焊接生产中，当两根钢筋直径不同时，焊接骨架较小，钢筋直径小于或等于 10mm 时，大、小钢筋直径之比不宜大于 3 倍；当较小钢筋直径为 12～16mm 时，大、小钢筋直径之比不宜大于 2 倍。焊接网较小钢筋直径不得小于较大钢筋直径的 60%。

2）电阻点焊的工艺参数应根据钢筋牌号、直径及焊机性能等具体情况，选择变压器级数、焊接通电时间和电极压力。当采用 DN3-75 型气压式点焊机焊接 HPB300 钢筋或 CDW550 钢丝时，焊接通电时间应符合表 1-17 的规定，电极压力应符合表 1-18 的规定。

焊接通电时间（s）　　　　　　　　　　　　　　　　　　表 1-17

变压器级数	较小钢筋直径（mm）						
	4	5	6	8	10	12	14
1	1.10	0.12	—	—	—	—	—
2	0.08	0.07	—	—	—	—	—
3	—	—	0.22	0.70	1.50	—	—
4	—	—	0.20	0.60	1.25	2.50	4.00
5	—	—	—	0.50	1.00	2.00	3.50
6	—	—	—	0.40	0.75	1.50	3.00
7	—	—	—	—	0.50	1.20	2.50

注：点焊 HRB335、HRBF335、HRB400、HRBF400、HRB500、HRBF500 或 CRB550 钢筋时，焊接通电时间可延长 20%～25%。

电极压力（N）　　　　　　　　　　　　　　　　　　表 1-18

较小钢筋直径（mm）	HPB300	HRB335　HRBF335 HRB400　HRBF400 HRB500　HRBF500 CRB550　CDW550
4	980～1470	1470～1960
5	1470～1960	1960～2450
6	1960～2450	2450～2940
7	2450～2940	2940～3430
10	2940～3920	3430～3920
12	3430～4410	4410～4900
14	3920～4900	4900～5880

注：本内容参照《钢筋焊接及验收规程》JGJ 18—2012 第 4.2.2、4.2.4 条的规定。

（2）焊接过程中的要求及缺陷消除

1）电阻点焊的工艺过程中，应包括预压、通电、锻压三个阶段（图 1-11）。

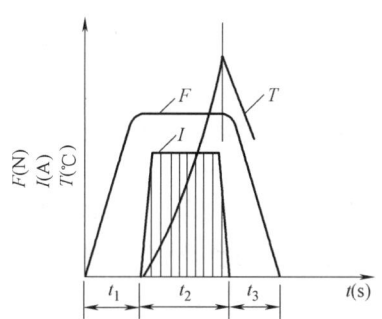

图 1-11　点焊过程示意

F—压力；I—电流；T—温度；t—时间；t_1—预压时间；

t_2—通电时间；t_3—锻压时间

2）焊点压入深度过小，不能保证焊点的抗剪力；压入深度过大，对于冷轧带肋钢筋或冷拔低碳钢丝，会影响主筋的抗拉强度。焊点的压入深度应为较小钢筋直径的18%～25%。

3）钢筋焊接网、钢筋焊接骨架宜用于成批生产。焊接时应按设备使用说明书中的规定进行安装、调试和操作，根据钢筋直径选用合适电极压力、焊接电流和焊接通电时间，并经常检查各个焊点的焊接电流和焊接通电时间。

4）在点焊生产中，应经常保持电极与钢筋之间接触面的清洁、平整。当电极使用变形时，应及时修整。

5）钢筋点焊生产过程中，应随时检查制品的外观质量。当发现焊接缺陷时，应查找原因并采取措施，及时消除。可参考表 1-19。

点焊制品焊接缺陷及消除措施　　　　　　　　　　　　　　　　表 1-19

焊接缺陷	产 生 原 因	消 除 措 施
焊点过烧	1. 变压器级数过高； 2. 通电时间太长； 3. 上下电极不对中心； 4. 继电器接触失灵	1. 降低变压器级数； 2. 缩短通电时间； 3. 切断电源，校正电极； 4. 清理触点，调节间隙
焊点脱落	1. 电流过小； 2. 压力不够； 3. 压入深度不足； 4. 通电时间太短	1. 提高变压器级数； 2. 加大弹簧压力或调大气压； 3. 调整两电极间距离符合压入深度要求； 4. 延长通电时间
钢筋表面 烧伤	1. 钢筋和电极接触表面太脏； 2. 焊接时没有预压过程或预压力过小； 3. 电流过大； 4. 电极变形	1. 清刷电极与钢筋表面的铁锈和油污； 2. 保证预压过程和适当的预压力； 3. 降低变压器级数； 4. 修理或更换电极

注：本内容参照《钢筋焊接及验收规程》JGJ 18—2012 第 4.2.3、4.2.5～4.2.8 条的规定。

1.8.5 钢筋闪光对焊

1. 质量目标

(1) 闪光对焊接头的质量检验，应分批进行外观质量检查和力学性能检验，并应符合下列规定：

1) 在同一台班内，由同一个焊工完成的 300 个同牌号、同直径钢筋焊接接头应作为一批。当同一台班内焊接的接头数量较少时，可在一周之内累计计算；累计仍不足 300 个接头时，应按一批计算；

2) 力学性能检验时，应从每批接头中随机切取 6 个接头，其中 3 个做拉伸试验，3 个做弯曲试验；

3) 异径钢筋接头可只做拉伸试验。

(2) 闪光对焊接头外观质量检查结果应符合下列规定：

1) 对焊接头表面应呈圆滑、带毛刺状，不得有肉眼可见的裂纹；

2) 与电极接触处的钢筋表面不得有明显烧伤；

3) 接头处的弯折角度不得大于 2°；

4) 接头处的轴线偏移不得大于钢筋直径的 1/10，且不得大于 1mm。

注：本内容参照《钢筋焊接及验收规程》JGJ 18—2012 第 5.3 条的规定。

2. 质量保障措施

(1) 焊接工艺的选择

钢筋闪光对焊可采用连续闪光焊、预热闪光焊或闪光-预热闪光焊工艺方法（图 1-12）。生产中，可根据不同条件按下列规定选用：

1) 当钢筋直径较小，钢筋牌号较低时，在表 1-20 规定的范围内，可采用连续闪光焊；

2) 当钢筋直径超过表 1-20 规定，且钢筋端面较平整时，宜采用预热闪光焊；

3) 当钢筋直径超过表 1-20 规定，且钢筋端面不平整时，应采用闪光-预热闪光焊。

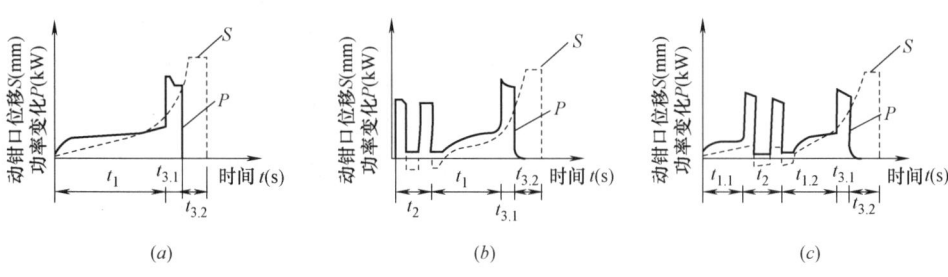

图 1-12 钢筋闪光对焊工艺过程图解

S—动钳口位移；P—功率变化；t—时间；t_1—烧化时间；$t_{1.1}$—一次烧化时间；$t_{1.2}$—二次烧化时间；

t_2—预热时间；$t_{3.1}$—有电顶锻时间；$t_{3.2}$—无电顶锻时间

（a）连续闪光焊；（b）预热闪光焊；（c）闪光-预热闪光焊

注：本内容参照《钢筋焊接及验收规程》JGJ 18—2012 第 4.3.1 条的规定。

(2) 焊机及焊接参数的选择

1) 连续闪光焊所能焊接的钢筋直径上限，应根据焊机容量、钢筋牌号等具体情况而定，并应符合表 1-20 的规定。

焊机容量(kVA)	钢筋牌号	钢筋直径(mm)
连续闪光焊钢筋直径上限 表 1-20		
160 (150)	HPB300	22
	HRB335 HRBF335	22
	HRB400 HRBF400	20
100	HPB300	20
	HRB335 HRBF335	20
	HRB400 HRBF400	18
80 (75)	HPB300	16
	HRB335 HRBF335	14
	HRB400 HRBF400	12

2）施焊中，焊工应熟练掌握各项留量参数（图 1-13），以确保焊接质量。

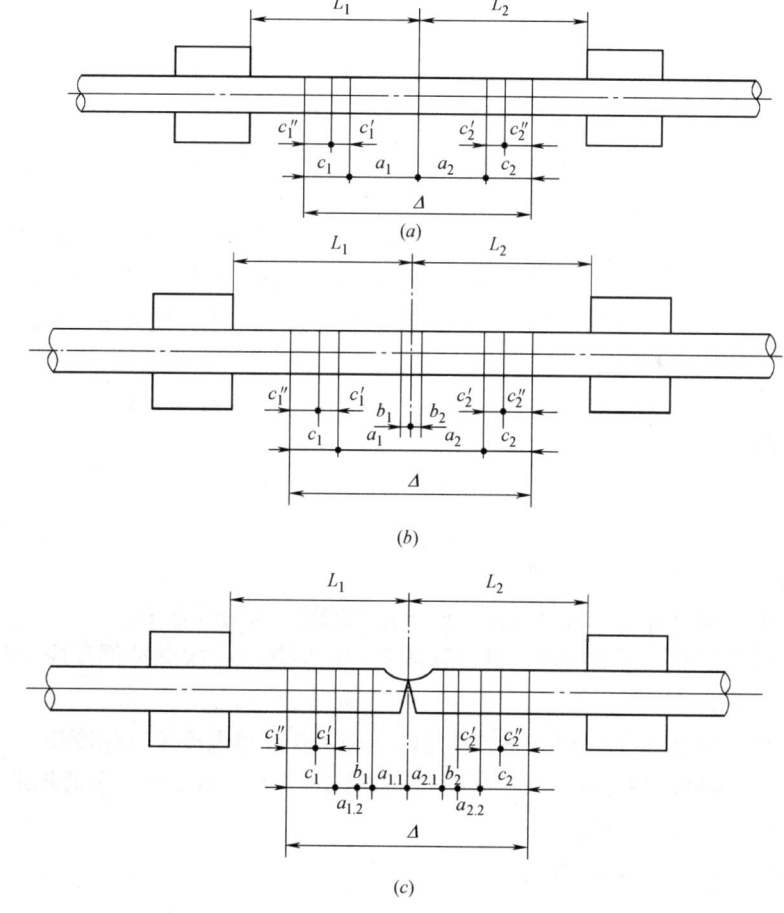

图 1-13 钢筋闪光对焊三种工艺方法留量图解

（a）连续闪光焊；（b）预热闪光焊；（c）闪光-预热闪光焊

L_1、L_2—调伸长度；$a_1 + a_2$—烧化留量；$a_{1.1} + a_{2.1}$—一次烧化留量；

$a_{1.2} + a_{2.2}$—二次烧化留量；$b_1 + b_2$—预热留量；$c_1 + c_2$—顶锻留量；

$c_1' + c_2'$—有电顶锻留量；$c_1'' + c_2''$—无电顶锻留量；Δ—焊接总留量

3）闪光对焊时，应按下列规定选择调伸长度、烧化留量、顶锻留量以及变压器级数等焊接参数：

① 调伸长度的选择，应随着钢筋牌号的提高和钢筋直径的加大而增长，主要是减缓接头的温度梯度，防止热影响区产生淬硬组织。当焊接 HRB400、HRBF400 等牌号钢筋时，调伸长度宜在 40～60mm 内选用；

② 烧化留量的选择，应根据焊接工艺方法确定。当连续闪光焊时，闪光过程应较长。烧化留量应等于两根钢筋在断料时切断机刀口严重压伤部分（包括端面的不平整度），再加 8～10mm；当闪光-预热闪光焊时，应区分一次烧化留量和二次烧化留量。一次烧化留量不应小于 10mm，二次烧化留量不应小于 6mm。

③ 需要预热时，宜采用电阻预热法。预热留量应为 1～2mm，预热次数应为 1～4次，每次预热时间应为 1.5～2s，间歇时间应为 3～4s；

④ 顶锻留量应为 3～7mm，并应随钢筋直径的增大和钢筋牌号的提高而增加。其中，有电顶锻留量约占 1/3，无电顶锻留量约占 2/3，焊接时必须控制得当。焊接 HRB500 钢筋时，顶锻留量宜稍微增大，以确保焊接质量。

4）当 HRBF335 钢筋、HRBF400 钢筋、HRBF500 钢筋或 RRB400W 钢筋进行闪光对焊时，与热轧钢筋比较，应减小调伸长度，提高焊接变压器级数，缩短加热时间，快速顶锻，形成快热快冷条件，使热影响区长度控制在钢筋直径的 60% 范围之内。

5）变压器级数应根据钢筋牌号、直径、焊机容量以及焊接工艺方法等具体情况选择。如果太低，次级电压也低，焊接电流小，就会使闪光困难，加热不足，更不能利用闪光保护焊口免受氧化；相反，如果变压器级数太高，闪光过强，也会使大量热量被金属微粒带走，使钢筋端部温度升不上去。

注：本内容参照《钢筋焊接及验收规程》JGJ 18—2012 第 4.3.2～4.3.6 条的规定。

（3）焊后热处理

HRB500、HRBF500 钢筋焊接时，应采用预热闪光焊或闪光-预热闪光焊工艺。当接头拉伸试验结果发生脆性断裂或弯曲试验不能达到规定要求时，还应在焊机上进行焊后热处理。焊后热处理可按下列程序进行：

1）待接头冷却至常温，将电极钳口调至最大间距，重新夹紧；

2）应采用最低的变压器级数，进行脉冲式通电加热。每次脉冲循环应包括通电时间和间歇时间，约为 3s；

3）焊后热处理温度应在 750～850℃ 之间，随后在环境温度下自然冷却。

注：本内容参照《钢筋焊接及验收规程》JGJ 18—2012 第 4.3.7 条的规定。

（4）操作要领及缺陷消除

1）钢筋闪光对焊的操作要领：

① 预热要充分；

② 顶锻前瞬间闪光要强烈；

③ 顶锻快而有力。

2）在生产中，当出现异常现象或焊接缺陷时，应查找原因，采取措施，及时消除。常见闪光对焊的异常现象、焊接缺陷及消除措施见表 1-21。

闪光对焊异常现象、焊接缺陷及消除措施　　　　　　　　表 1-21

异常现象和 焊接缺陷	产 生 原 因	消 除 措 施
烧化过分剧烈并产生强烈的爆炸声	1. 变压器级数过高; 2. 烧化速度太快	1. 降低变压器级数; 2. 减慢烧化速度
闪光不稳定	1. 电极底部或钢筋表面有氧化物; 2. 变压器级数过低; 3. 烧化速度太慢	1. 消除电极底部或钢筋表面的氧化物; 2. 提高变压器级数; 3. 加快烧化速度
接头有氧化膜、未焊透或夹渣	1. 预热程度不足; 2. 邻近顶锻时的烧化速度太慢; 3. 带电顶锻不够; 4. 顶锻加压力太慢; 5. 顶锻压力不足	1. 增加预热程度; 2. 加快邻近顶锻时的烧化速度; 3. 确保带电顶锻过程; 4. 加快顶锻加压速度; 5. 增大顶锻压力
接头中有缩孔	1. 变压器级数过高; 2. 烧化过程过分强烈; 3. 顶锻留量或顶锻压力不足	1. 降低变压器级数; 2. 避免烧化过程过分强烈; 3. 适当增大顶锻留量或顶锻压力
焊缝金属过烧	1. 预热过分; 2. 烧化速度太慢,烧化时间过长; 3. 带电顶锻时间过长	1. 减低预热程度; 2. 加快烧化速度,缩短焊接时间; 3. 避免过多带电顶锻
接头区域裂纹	1. 钢筋母材碳、硫、磷可能超标; 2. 预热程度不足	1. 检验钢筋的碳、硫、磷含量,若不符合规定应更换钢筋; 2. 采取低频预热方法,增加预热程度
钢筋表面微熔及烧伤	1. 钢筋表面有铁锈或油污; 2. 电极内表面有氧化物; 3. 电极钳口磨损; 4. 钢筋未夹紧	1. 消除钢筋被夹紧部位的铁锈或油污; 2. 消除电极内表面的氧化物; 3. 改进电极槽口开头,增大接触面积; 4. 夹紧钢筋

注：本内容参照《钢筋焊接及验收规程》JGJ 18—2012 第 4.3.8 条的规定。

1.8.6　箍筋闪光对焊

1. 质量目标

(1) 箍筋闪光对焊接头应分批进行外观质量检查和力学性能检验，并应符合下列规定：

1) 在同一台班内，由同一焊工完成的 600 个同牌号、同直径箍筋闪光对焊接头作为一个检验批。如超出 600 个接头，其超出部分可以与下一台班完成接头累计计算；

2) 每一检验批中，应随机抽查 5% 的接头进行外观质量检查；

3) 每个检验批中应随机切取 3 个对焊接头做拉伸试验。

(2) 箍筋闪光对焊接头外观质量检查结果，应符合下列规定：

1) 对焊接头表面应呈圆滑、带毛刺状，不得有肉眼可见裂纹；

2) 轴线偏移不得大于钢筋直径的 1/10，且不得大于 1mm；

3) 对焊接头所在直线边的顺直度检测结果凹凸不得大于 5mm，以对焊箍筋两角点为起点和终点，拉直线或用钢板直尺检查，如图 1-14 所示。

4) 对焊箍筋外皮尺寸应符合设计图纸的规定，允许偏差应为 ±5mm；

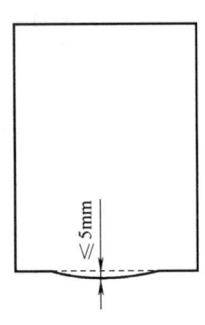

图 1-14 顺直度
检测

5）与电极接触处的钢筋表面不得有明显烧伤。

注：本内容参照《钢筋焊接及验收规程》JGJ 18—2012 第 5.4 条的规定。

2. 质量保障措施

（1）焊点的位置

箍筋闪光对焊的焊点位置宜设在箍筋受力较小一边的中部。不等边的多边形柱箍筋对焊点位置宜设在两个边上的中部。多边形焊接封闭箍筋的焊点设置应符合下列规定：

1）每个箍筋的焊点数量应为 1 个，焊点宜位于多边形箍筋的某边中部，且距箍筋弯折处的位置不宜小于 100mm；

2）矩形柱箍筋焊点宜设在柱短边。等边多边形柱箍筋焊点可设在任一边。不等边多边形柱箍筋应加工成焊点位于不同边上的两种类型；

3）梁箍筋焊点应设置在顶边或底边。

注：本内容参照《钢筋焊接及验收规程》JGJ 18—2012 第 4.4.1 条的规定。

（2）箍筋的下料与加工

1）箍筋下料长度应预留焊接总留量（Δ），其中包括烧化留量（A）、预热留量（B）和顶锻留量（C）。

矩形箍筋下料长度可按式（1-2）计算：

$$L_g = 2(a_g + b_g) + \Delta \qquad (1-2)$$

式中：L_g——箍筋下料长度（mm）；

a_g——箍筋内净长度（mm）；

b_g——箍筋内净宽度（mm）；

Δ——焊接总留量（mm）。

当切断机下料，增加压痕长度，采用闪光-预热闪光焊工艺时，焊接总留量 Δ 随之增大，约为 $1.0d$（d 为箍筋直径）。上列计算箍筋下料长度经试焊后核对，箍筋外皮尺寸应符合设计图纸的规定。

2）钢筋切断和弯曲应符合下列规定：

① 钢筋切断宜采用钢筋专用切割机下料。当用钢筋切断机时，刀口间隙不得大于 0.3mm；

② 切断后的钢筋端面应与轴线垂直，无压弯，无斜口；

③ 钢筋按设计图纸规定尺寸弯曲成型，制成待焊箍筋，应使两个对焊钢筋头完全对准，具有一定弹性压力（图 1-15）。

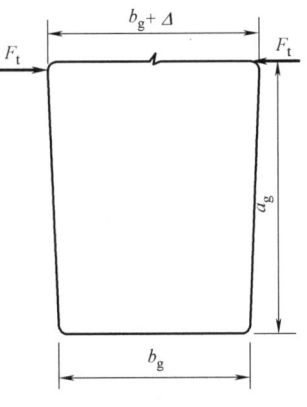

图 1-15 待焊箍筋

a_g—箍筋内净长度；b_g—箍筋内净宽度；Δ—焊接总留量；F_t—弹性压力

3）待焊箍筋为半成品，应进行加工质量的检查，属中间质量检查。按每一工作班、同一牌号钢筋、同一加工设备完成的待焊箍筋作为一个检验批，每批随机抽查 5%。检查项目应符合下列规定：

① 两钢筋头端面应闭合，无斜口；

② 接口处应有一定弹性压力。

注：本内容参照《钢筋焊接及验收规程》JGJ 18—2012 第 4.4.2～4.4.4 条的规定。

（3）箍筋闪光对焊

1）箍筋闪光对焊应符合下列规定：

① 宜使用 100kVA 的箍筋专用对焊机；

② 宜采用预热闪光焊，焊接工艺参数、操作要领、焊接缺陷的产生与消除措施等，可参考钢筋闪光对焊的相关规定进行操作；

③ 焊接变压器级数应适当提高，二次电流稍大；

④ 两钢筋顶锻闭合后，应延续数秒钟再松开夹具。

2）箍筋闪光对焊过程中，当出现异常现象或焊接缺陷时，应查找原因，采取措施，及时消除。常见箍筋闪光对焊的异常现象、焊接缺陷及消除措施见表 1-22。

箍筋闪光对焊的异常现象、焊接缺陷及消除措施　　　　　　表 1-22

异常现象和焊接缺陷	产 生 原 因	消 除 措 施
箍筋下料尺寸不准，钢筋头歪斜	1. 箍筋下料长度未经试验确定； 2. 钢筋调直切断机性能不稳定	1. 箍筋下料长度必须经弯曲和对焊试验确定； 2. 选用性能稳定、下料误差±3mm、能确保钢筋端面垂直于轴线的调直切断机
待焊箍筋两头分离、错位	1. 接头处两钢筋之间没有弹性压力； 2. 两钢筋头未对准	1. 制作箍筋时将接头对面边的两个90°角弯成 87°～89°，使接头处产生弹性压力 F_t； 2. 将两钢筋头对准
焊接接头被拉开	1. 电极钳口变形； 2. 钢筋头变形； 3. 两钢筋头未对正	1. 修整电极钳口或更换电极； 2. 矫直变形的钢筋头； 3. 将箍筋两头对正

注：本内容参照《钢筋焊接及验收规程》JGJ 18—2012 第 4.4.5、4.4.6 条的规定。

1.8.7　钢筋电弧焊

1. 质量目标

（1）电弧焊接头应分批进行外观质量检查和力学性能检验，并应符合下列规定：

1）在现浇混凝土结构中，应以 300 个同牌号钢筋、同形式接头作为一批；在房屋结构中，应以不超过连续二楼层中的 300 个同牌号钢筋、同形式接头作为一批。每批随机切取 3 个接头做拉伸试验；

2）在装配式结构中，可按生产条件制作模拟试件，每批 3 个，做拉伸试验；

3）钢筋与钢板搭接焊接头可只进行外观质量检查。

注：在同一批中若有 3 种不同直径的钢筋焊接接头，应在最大直径钢筋接头和最小直径钢筋接头中分别切取 3 个试件进行拉伸试验。钢筋电渣压力焊接头、钢筋气压焊接头取样均同。

（2）电弧焊接头外观质量检查结果，应符合下列规定：

1）焊缝表面应平整，不得有凹陷或焊瘤；

2）焊接接头区域不得有肉眼可见的裂纹；

3）焊缝余高应为 2～4mm；

4）咬边深度、气孔、夹渣等缺陷允许值及接头尺寸的允许偏差，应符合表 1-23 的规定。

钢筋电弧焊接头尺寸偏差及缺陷允许值　　　　表 1-23

名　　称		单位	接头形式		
			帮条焊	搭接焊 钢筋与钢板搭接焊	坡口焊、窄间隙焊 熔槽帮条焊
帮条沿接头中心线的纵向偏移		mm	$0.3d$	—	—
接头处弯折角度		°	2	2	2
接头处钢筋轴线的偏移		mm	$0.1d$	$0.1d$	$0.1d$
			1	1	1
焊缝宽度		mm	$+0.1d$	$+0.1d$	—
焊缝长度		mm	$-0.3d$	$-0.3d$	—
咬边宽度		mm	0.5	0.5	0.5
长 $2d$ 焊缝表面上的气孔及夹渣	数量	个	2	2	—
	面积	mm²	6	6	—
全部焊缝表面上的气孔及夹渣	数量	个	—	—	2
	面积	mm²	—	—	6

注：d 为钢筋直径（mm）。

（3）当模拟试件试验结果不符合要求时，应进行复验。复验应从现场焊接接头中切取，其数量和要求与初始试验相同。

注：本内容参照《钢筋焊接及验收规程》JGJ 18—2012 第 5.5 条的规定。

2. 质量保障措施

（1）工艺参数的要求

钢筋二氧化碳气体保护电弧焊时，应根据焊机性能、焊接接头形状、焊接位置等条件选用下列焊接工艺参数：

1）焊接电流：焊接电流与送丝速度或熔化速度以非线性关系变化，当送丝速度增加时，焊接电流也随之增大。

2）极性：大多采用反接，即焊丝接正极。这时，电弧稳定，熔滴过渡平稳，飞溅较低，焊缝成型较好，熔深较大。

3）电弧电压（弧长）：弧长过长，难以使电弧潜入焊件表面；弧长过短，容易引起短路。电弧电压过高时，容易产生气孔、飞溅和咬边；电弧电压过低时，会使焊丝插入熔池，呈桩状。常用电弧电压：短路过渡 20～22V，喷射过渡 25～28V。

4）焊接速度：中等焊接速度时熔深最大。焊接速度降低时，单位长度焊缝上熔敷金属增加。焊接速度过快时，会出现咬边倾向。

5）焊丝伸出长度（干伸长）：焊丝伸出长度是指导电嘴端头到焊丝端头的距离，短路过渡时，合适的焊丝伸出长度是 6～13mm，其他熔滴过渡形式时为 13～25mm。

6）焊枪角度：在平角焊时，焊丝轴线与水平板面呈 45°。

7）焊接接头位置：在平焊、横焊位置时，可以获得良好焊缝成型。当仰焊和向上立焊时，若是喷射过度，容易引起铁水流失，要注意防范。

8）焊丝直径：半自动焊多用 $\phi 0.6mm \sim \phi 1.6mm$ 焊丝，自动焊多用 $\phi 1.6mm \sim \phi 5.0mm$ 焊丝。在钢筋结构制作与安装中，大部分为半自动焊，以 $\phi 1.2mm$ 焊丝为例，常用焊接电流为 220A。

注：本内容参照《钢筋焊接及验收规程》JGJ 18—2012 第 4.5.2 条的规定。

（2）钢筋接头的形式及焊接要求

钢筋电弧焊应包括帮条焊、搭接焊、坡口焊、窄间隙焊和熔槽帮条焊 5 种接头形式。焊接时，应符合下列规定：

1）应根据钢筋牌号、直径、接头形式和焊接位置选择焊接材料，确定焊接工艺和焊接参数；

2）焊接时，引弧应在垫板、帮条或形成焊缝的部位进行，不得烧伤主筋；

3）焊接地线与钢筋应接触良好；

4）焊接过程中应及时清渣，焊缝表面应光滑，焊缝余高应平缓过渡，弧坑应填满。

注：本内容参照《钢筋焊接及验收规程》JGJ 18—2012 第 4.5.3 条的规定。

（3）钢筋帮条焊、搭接焊

1）帮条焊时，宜采用双面焊（图 1-16a）；当不能进行双面焊时，可采用单面焊（图 1-16b），帮条长度应符合表 1-24 的规定。当帮条牌号与主筋相同时，帮条直径可与主筋相同或小一个规格；当帮条直径与主筋相同时，帮条牌号可与主筋相同或低一个牌号等级。

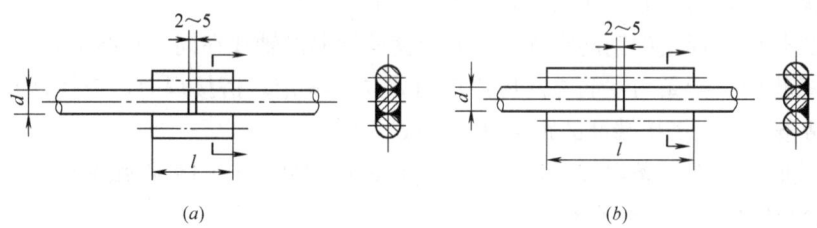

图 1-16 钢筋帮条焊接头

（a）双面焊；（b）单面焊

钢筋帮条长度　　　　　　　　　　表 1-24

钢筋牌号	焊接形式	帮条长度(l)
HPB300	单面焊	≥8d
	双面焊	≥4d
HRB335　HRBF335 HRB400　HRBF400 HRB500　HRBF500 RRB400W	单面焊	≥10d
	双面焊	≥5d

注：d 为主筋直径（mm）。

2）搭接焊时，宜采用双面焊（图 1-17a）。当不能进行双面焊时，可采用单面焊（图 1-17b）。当需要时，为防止钢筋搭接焊接头受拉时在焊缝两端钢筋开裂，引起脆断，在焊缝两端可稍加绕焊，但不得烧伤主筋（图 1-18）。搭接长度可与表 1-25 帮条焊长度相同。

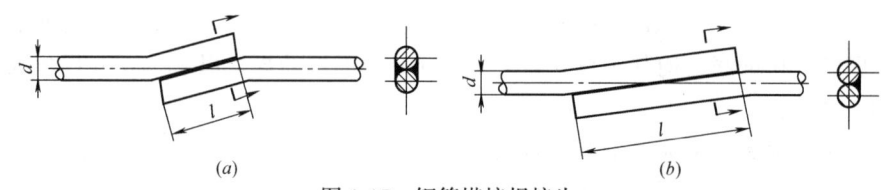

图 1-17　钢筋搭接焊接头

(a) 双面焊；(b) 单面焊

d—钢筋直径；l—搭接长度

3）帮条焊接头或搭接焊接头的焊缝有效厚度 S 不应小于主筋直径的 30%，当需要检测时，应截切试件，将断面磨光、腐蚀后测量。焊缝宽度 b 不应小于主筋直径的 80%（图 1-19）。

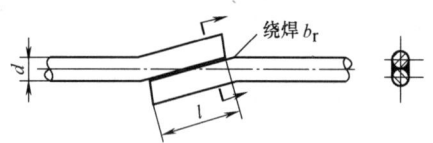

图 1-18　钢筋搭接焊

d—钢筋直径；l—搭接长度；b_r—绕焊焊道

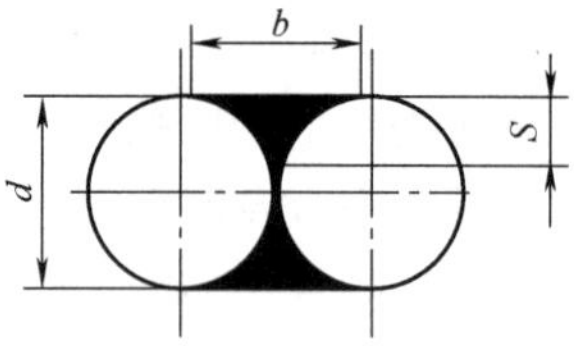

图 1-19　焊缝尺寸示意

d—钢筋直径；b—焊缝宽度；

S—焊缝有效厚度

4）帮条焊或搭接焊时，钢筋的装配和焊接应符合下列规定：

① 帮条焊时，两主筋端面的间隙应为 2～5mm；

② 搭接焊时，焊接端钢筋宜预弯，并应使两钢筋的轴线在同一直线上；

③ 帮条焊时，帮条与主筋之间应用四点定位焊固定；搭接焊时，应用两点固定。定位焊缝与帮条端部或搭接端部的距离宜大于或等于 20mm；

④ 焊接时，应在帮条焊或搭接焊形成的焊缝中引弧。在端头收弧前应填满弧坑，并应使主焊缝与定位焊缝的始端和终端熔合。

注：本内容参照《钢筋焊接及验收规程》JGJ 18—2012 第 4.5.4～4.5.7 条的规定。

（4）坡口焊

坡口焊的准备工作和焊接工艺应符合下列规定（图 1-20）：

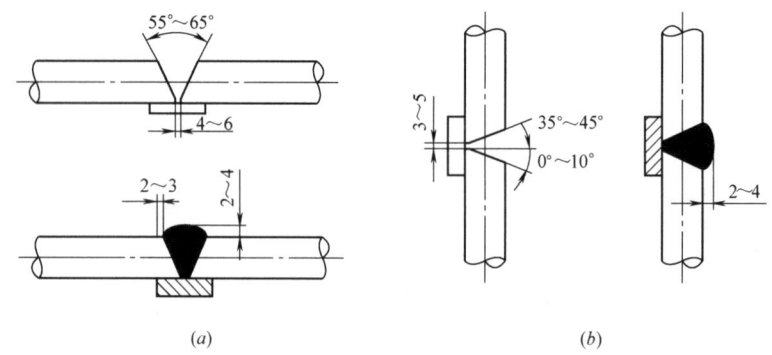

(a)　　　　　　　　　(b)

图 1-20　钢筋坡口焊接头

(a) 平焊；(b) 立焊

1）坡口面应平顺，切口边缘不得有裂纹、钝边和缺棱；

2）坡口角度应在规定范围内选用；

3）钢垫板厚度宜为 4～6mm，长度宜为 40～60mm。平焊时，垫板宽度应为钢筋直径加 10mm；立焊时，垫板宽度宜等于钢筋直径；

4）焊缝的宽度应大于 V 形坡口的边缘 2～3mm，焊缝余高应为 2～4mm，并平缓过渡至钢筋表面；

5）钢筋与钢垫板之间，应加焊二层、三层侧面焊缝；

6）当发现接头中有弧坑、气孔及咬边等缺陷时，应立即补焊。

注：本内容参照《钢筋焊接及验收规程》JGJ 18—2012 第 4.5.8 条的规定。

（5）窄间隙焊

窄间隙焊应用于直径 16mm 及以上钢筋的现场水平连接。焊接时，钢筋端部应置于铜模中，并应留出一定间隙，连续焊接，熔化钢筋端面，使熔敷金属填充间隙并形成接头（图 1-21）。其焊接工艺如图 1-22 所示，并应符合下列规定：

1）钢筋端面应平整；

2）宜选用低氢型焊接材料；

3）从焊缝根部引弧后应连续进行焊接，左右来回运弧，在钢筋端面处电弧应少许停留，并使之熔合；

4）当焊至端面间隙的 4/5 高度后，焊缝逐渐扩宽。当熔池过大时，应改连续焊为断续焊，避免过热；

5）焊缝余高应为 2～4mm，且应平缓过渡至钢筋表面。

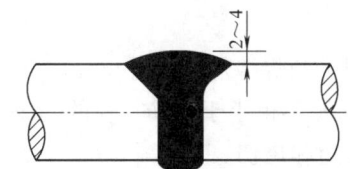

图 1-21　钢筋窄间隙焊接头

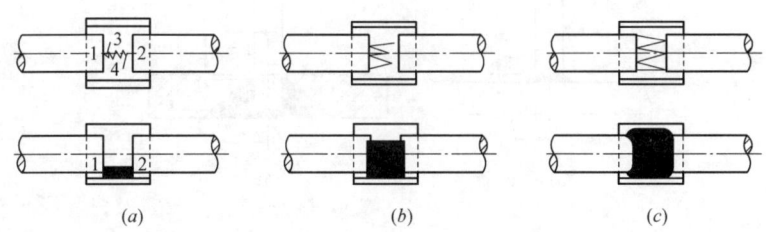

图 1-22　窄间隙焊工艺过程示意

（a）焊接初期；（b）焊接中期；（c）焊接末期

1～4—焊工操作顺序

注：本内容参照《钢筋焊接及验收规程》JGJ 18—2012 第 4.5.9 条的规定。

（6）熔槽帮条焊

熔槽帮条焊应用于直径 20mm 及以上钢筋的现场安装焊接。焊接时应加角钢作为垫板模。接头形式（图 1-23）、角钢尺寸和焊接工艺应符合下列规定：

1）角钢边长宜为 40～70mm；

2）钢筋端头应加工平整；

3）从接缝处垫板引弧后应连续施焊，并应使钢筋端部熔合，防止未焊透、气孔或夹渣；

4）焊接过程中应及时停焊清渣。焊平后，再进行焊缝余高的焊接，其高度应为 2～4mm；

5）钢筋与角钢垫板之间，应加焊侧面焊缝 1～3 层，焊缝应饱满，表面应平整。

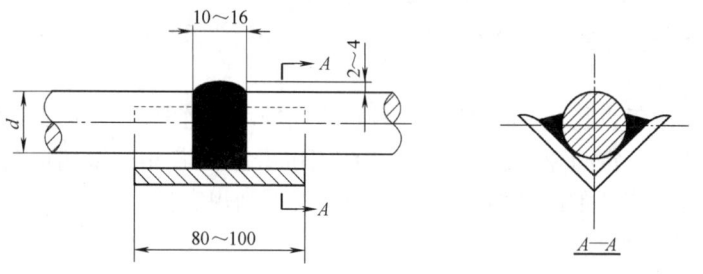

图 1-23　钢筋熔槽帮条焊接头

注：本内容参照《钢筋焊接及验收规程》JGJ 18—2012 第 4.5.10 条的规定。

（7）预埋件钢筋电弧焊 T 形接头焊接

预埋件钢筋电弧焊 T 形接头可分为角焊和穿孔塞焊两种（图 1-24）。装配和焊接时，应符合下列规定：

1）当采用 HPB300 钢筋时，角焊缝焊脚尺寸（K）不得小于钢筋直径的 50%；采用其他牌号钢筋时，焊脚尺寸（K）不得小于钢筋直径的 60%；

2）施焊中，不得使钢筋咬边和烧伤。

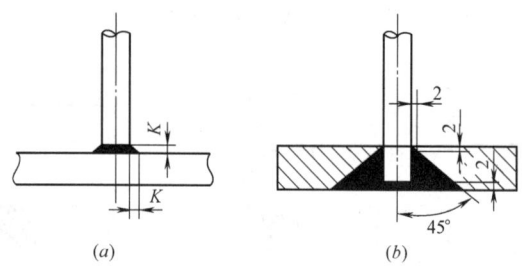

图 1-24　预埋件钢筋电弧焊 T 形接头
(a) 角焊；(b) 穿孔塞焊
K—焊脚尺寸

3）采用穿孔塞焊，当需要时，可在内侧加焊一圈角焊缝，以提高接头强度（图 1-25）。

注：本内容参照《钢筋焊接及验收规程》JGJ 18—2012 第 4.5.11 条的规定。

（8）钢筋与钢板搭接焊

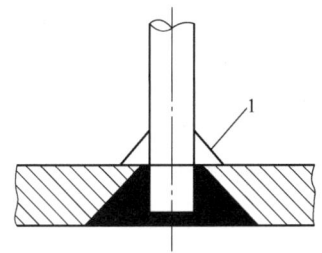

图 1-25　穿孔塞焊
1—内侧加焊角焊缝

钢筋与钢板搭接焊时，焊接接头（图 1-26）应符合下列规定：

1）HPB300 钢筋的搭接长度（l）不得小于 4 倍钢筋直径，其他牌号钢筋搭接长度（l）不得小于 5 倍钢筋直径；

2）焊缝宽度不得小于钢筋直径的 60％，焊缝有效厚度不得小于钢筋直径的 35％。

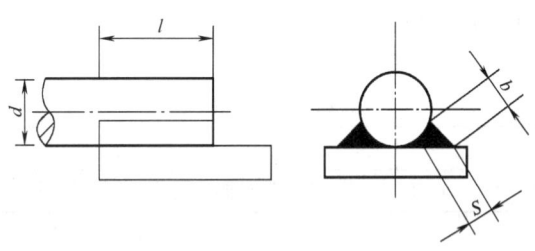

图 1-26　钢筋与钢板搭接焊接头
d—钢筋直径；l—搭接长度；b—焊缝宽度；S—焊缝有效厚度

注：本内容参照《钢筋焊接及验收规程》JGJ 18—2012 第 4.5.12 条的规定。

1.8.8　钢筋电渣压力焊

1. 质量目标

（1）电渣压力焊接头，应分批进行外观质量检查和力学性能检验，并应符合下列规定：

1）在现浇钢筋混凝土结构中，应以 300 个同牌号钢筋接头作为一批；

2）在房屋结构中，应以不超过连续二楼层中 300 个同牌号钢筋接头作为一批，不足 300 个接头时，仍应作为一批；

3）每批随机切取 3 个接头试件做拉伸试验。

（2）电渣压力焊接头外观质量检查结果，应符合下列规定：

1）四周焊包凸出钢筋表面的高度，当钢筋直径为 25mm 及以下时，不得小于 4mm；当钢筋直径为 28mm 及以上时，不得小于 6mm；

2）钢筋与电极接触处，应无烧伤缺陷；

3）接头处的弯折角度不得大于 2°；

4）接头处的轴线偏移不得大于 1mm。

注：本内容参照《钢筋焊接及验收规程》JGJ 18—2012 第 5.6 条的规定。

2. 质量保障措施

(1) 适用范围

电渣压力焊应用于现浇钢筋混凝土结构中竖向或斜向（倾斜度不大于10°）钢筋的连接。若再增大倾斜度，会影响熔池的维持和焊包成型。

注：本内容参照《钢筋焊接及验收规程》JGJ 18—2012 第4.6.1条的规定。

(2) 焊接工具及参数

1）直径12mm钢筋电渣压力焊时，应采用小型焊接夹具，上下两钢筋对正，不偏歪，多做焊接工艺试验，确保焊接质量。

2）电渣压力焊可采用交流（或直流）焊接电源。焊机容量应根据所焊钢筋最大直径选定，接线端应连接紧密，确保良好导电。

3）焊接夹具应具有足够刚度，夹具形式、型号应与焊接钢筋配套，上下钳口应同心，在最大允许荷载下应移动灵活，操作便利，电压表、时间显示器应配备齐全。

4）电渣压力焊焊接参数应包括焊接电流、焊接电压和焊接通电时间。采用HJ431焊剂时，宜符合表1-25的规定。采用专用焊剂或自动电渣压力焊机时，应根据焊剂或焊机使用说明书中推荐的数据，通过试验确定。

电渣压力焊焊接参数　　　　　　　　　　　　　　　　表 1-25

钢筋直径 (mm)	焊接电流 (A)	焊接电压(V)		焊接通电时间(s)	
		电弧过程 $U_{2.1}$	电渣过程 $U_{2.2}$	电弧过程 t_1	电渣过程 t_2
12	280～320			12	2
14	300～350			13	4
16	300～350			15	5
18	300～350	35～45	18～22	16	6
20	350～400			18	7
22	350～400			20	8
25	350～400			22	9
28	400～450			25	10
32	450～500			30	11

注：本内容参照《钢筋焊接及验收规程》JGJ 18—2012 第4.6.2～4.6.4、4.4.6条的规定。

(3) 焊接工艺

1）焊接夹具的上下钳口应夹紧于上下钢筋上。钢筋一经夹紧，不得晃动，且两钢筋应同心；

2）引弧可采用直接引弧法或铁丝圈（焊条芯）间接引弧法；

3）引燃电弧后，应先进行电弧过程，然后加快上钢筋下送速度，使上钢筋端面插入液态渣池约2mm，转变为电渣过程，最后在断电的同时，迅速下压上钢筋，挤出熔化金属和熔渣（图1-27）；

4）接头焊毕，应稍作停歇，方可回收焊剂和卸下焊接夹具。敲去渣壳后，四周焊包凸出钢筋表面的高度，当钢筋直径为25mm及以下时不得小于4mm；当钢筋直径为

28mm 及以上时不得小于 6mm。

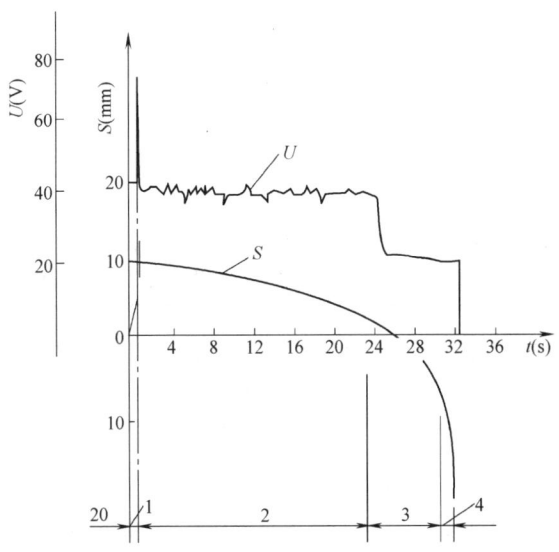

图 1-27　φ28mm 钢筋电渣压力焊工艺过程图示
U—焊接电压；S—上钢筋位移；t—焊接时间
1—引弧过程；2—电弧过程；3—电渣过程；4—顶压过程

注：本内容参照《钢筋焊接及验收规程》JGJ 18—2012 第 4.6.5 条的规定。
（4）缺陷的消除
在焊接生产中焊工应进行自检，当发现偏心、弯折、烧伤等焊接缺陷时，应查找原因，采取措施，及时消除。常见电渣压力焊焊接缺陷及消除措施见表 1-26。

电渣压力焊焊接缺陷及消除措施　　　　　　　　表 1-26

焊接缺陷	产 生 原 因	消 除 措 施
轴线偏移	1. 钢筋端头歪斜； 2. 夹具和钢筋未安装好； 3. 顶压力太大； 4. 夹具变形	1. 矫直钢筋端头； 2. 正确安装夹具和钢筋； 3. 避免过大的顶压力； 4. 及时修理或更换夹具
弯折	1. 钢筋端部弯折； 2. 上钢筋未夹牢、放正； 3. 拆卸夹具过早； 4. 夹具损坏松动	1. 矫直钢筋端部； 2. 注意安装和扶持上钢筋； 3. 避免焊后过快拆卸夹具； 4. 及时修理或者更换夹具
咬边	1. 焊接电流太大； 2. 焊接通电时间太长； 3. 上钢筋顶压不到位	1. 减小焊接电流； 2. 缩短焊接时间； 3. 注意上钳口的起点和止点，确保上钢筋顶压到位
未焊合	1. 焊接电流太小； 2. 焊接通电时间不足； 3. 上夹头下送不畅	1. 增大焊接电流； 2. 避免焊接时间过短； 3. 检修夹具，确保上钢筋下送自如

续表

焊接缺陷	产生原因	消除措施
焊包不均	1. 钢筋端面不平整； 2. 焊剂填装不匀； 3. 钢筋熔化量不足	1. 钢筋端面应平整； 2. 填装焊剂尽量均匀； 3. 延长电渣过程时间,适当增加熔化量
烧伤	1. 钢筋夹持部位有锈； 2. 钢筋未夹紧	1. 钢筋导电部位除净铁锈； 2. 尽量夹紧钢筋
焊包下淌	1. 焊剂筒下方未堵严； 2. 回收焊剂太早	1. 彻底封堵焊剂筒的漏孔； 2. 避免焊后过快回收焊剂

注：本内容参照《钢筋焊接及验收规程》JGJ 18—2012 第 4.6.7 条的规定。

1.8.9 钢筋气压焊

1. 质量目标

（1）气压焊接头，应分批进行外观质量检查和力学性能检验，并应符合下列规定：

1）在现浇钢筋混凝土结构中，应以 300 个同牌号钢筋接头作为一批；在房屋结构中，应以不超过连续二楼层中 300 个同牌号钢筋接头作为一批；当不足 300 个接头时，仍应作为一批；

2）在柱、墙的竖向钢筋连接中，应从每批接头中随机切取 3 个接头做拉伸试验；在梁、板的水平钢筋连接中，应另切取 3 个接头做弯曲试验；

3）在同一批中，异径钢筋气压焊接头可只做拉伸试验。

（2）钢筋气压焊接头外观质量检查结果，应符合下列规定：

1）接头处的轴线偏移 e 不得大于钢筋直径的 1/10，且不得大于 1mm（图 1-29a）。当不同直径钢筋焊接时，应按较小钢筋直径计算。当大于上述规定值，但在钢筋直径的 3/10 以下时，可加热矫正（如图 1-28 所示）；当大于 3/10 时，应切除重焊；

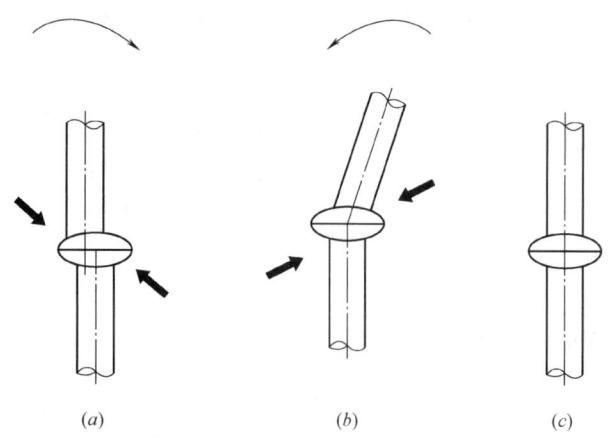

(a)　　　　　　　(b)　　　　　　　(c)

图 1-28　接头轴线偏移加热矫正示意

(a) 第一次加热扳移；(b) 第二次加热扳正；(c) 已矫正

注：粗箭线为火焰加热方向，细箭线为用力扳移方向。

2）接头处表面不得有肉眼可见的裂纹；

3）接头处的弯折角度不得大于 2°，当大于规定值时，应重新加热矫正；

4）固态气压焊接头镦粗直径 d_c 不得小于钢筋直径的 1.4 倍，熔态气压焊接头镦粗直径 d_c 不得小于钢筋直径的 1.2 倍（图 1-29b）。当小于上述规定值时，应重新加热镦粗；

5）镦粗长度 L_c 不得小于钢筋直径的 1.0 倍，且凸起部分平缓圆滑（图 1-29c）。当小于上述规定值时，应重新加热镦长。

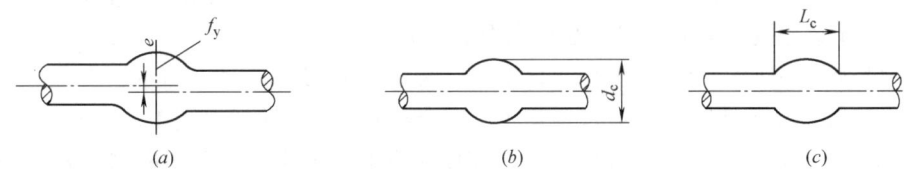

图 1-29　钢筋气压焊接头外观质量图解

(a) 轴线偏移 e；(b) 镦粗直径 d_c；(c) 镦粗长度 L_c

f_y—压焊面

注：本内容参照《钢筋焊接及验收规程》JGJ 18—2012 第 5.7 条的规定。

2. 质量保障措施

（1）气压焊的适用范围与分类

1）气压焊可用于钢筋在垂直位置、水平位置或倾斜位置的对接焊接。

2）气压焊按加热温度和工艺方法的不同，可分为固态气压焊和熔态气压焊两种。两种焊接工艺方法各有特点，例如，采用固态气压焊时，增加了两钢筋之间的结合面积，接头外形整齐；采用熔态气压焊时，简化了对钢筋端面的要求，操作简便。施工单位应根据设备等情况选择采用。

3）气压焊按加热火焰所用燃料气体的不同，可分为氧乙炔气压焊和氧液化石油气压焊两种。氧液化石油气火焰的加热温度稍低，施工单位应根据具体情况选用。

注：本内容参照《钢筋焊接及验收规程》JGJ 18—2012 第 4.7.1～4.7.3 条的规定。

（2）气压焊设备的要求

1）供气装置应包括氧气瓶、溶解乙炔气瓶或液化石油气瓶、减压器及胶管等，溶解乙炔气瓶或液化石油气瓶出口处应安装干式回火防止器；

2）焊接夹具应能夹紧钢筋，当钢筋承受最大的轴向压力时，钢筋与夹头之间不得产生相对滑移。应便于钢筋的安装定位，并在施焊过程中保持刚度。动夹头应与定夹头同心，并且当不同直径钢筋焊接时，亦应保持同心。动夹头的位移应大于或等于现场最大直径钢筋焊接时所需要的压缩长度；

3）采用半自动钢筋固态气压焊或半自动钢筋熔态气压焊时，应增加电动加压装置、带有加压控制开关的多嘴环管加热器。采用固态气压焊时，宜增加带有陶瓷切割片的钢筋常温直角切断机；

4）当采用氧液化石油气火焰进行加热焊接时，应配备梅花状喷嘴的多嘴环管加热器；

5）所有焊接设备各部件应坚固耐用，气管接头不得漏气，电气线路接触良好，自动控制系统反应灵敏，气瓶质量符合国家有关安全监察规程的规定。

注：本内容参照《钢筋焊接及验收规程》JGJ 18—2012 第 4.7.4 条的规定。

（3）气压焊的工艺要求

1）采用固态气压焊时，其焊接工艺应符合下列规定：

① 焊前钢筋端面应切平、打磨，使其露出金属光泽，钢筋安装夹牢、预压顶紧后，两钢筋端面局部间隙不得大于 3mm；

②气压焊加热开始至钢筋端面密合前，应采用碳化焰集中加热，钢筋端面密合后可采用中性焰宽幅加热。钢筋端面合适加热温度应为 1150～1250℃，钢筋镦粗区表面的加热温度应稍高于该温度，并随钢筋直径增大而适当提高；

③ 气压焊顶压时，对钢筋施加的顶压力应为 30～40MPa；

④ 三次加压法的工艺过程应包括预压、密合和成型三个阶段（图 1-30）；

⑤ 当采用半自动钢筋固态气压焊时，应使用钢筋常温直角切断机断料，两钢筋端面间隙应控制在 1～2mm，钢筋端面应平滑，可直接焊接。

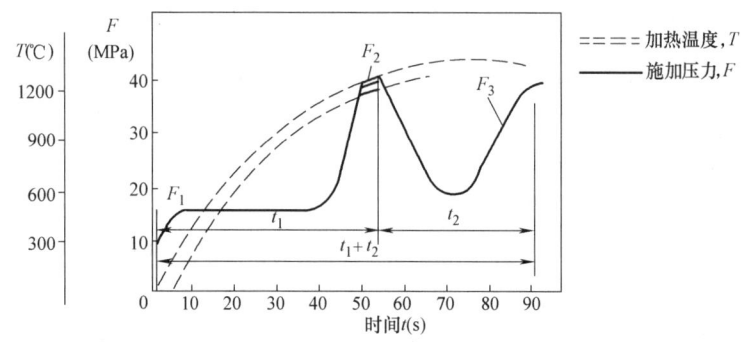

图 1-30 φ25mm 钢筋三次加压法焊接工艺过程图示

t_1—碳化焰对准钢筋接缝处集中加热时间；F_1—一次加压，预压；t_2—中性焰往复宽幅加热时间；
F_2—二次加压、接缝密合；t_1+t_2—根据钢筋直径和火焰热功率而定；
F_3—三次加压、镦粗成型

2）采用熔态气压焊时，焊接工艺应符合下列规定：

① 安装时，两钢筋端面之间应预留 3～5mm 间隙；

② 当采用氧液化石油气熔态气压焊时，应调整好火焰，适当增大氧气用量；

③ 气压焊开始时，应首先使用中性焰加热，待钢筋端头至熔化状态，附着物随熔滴流走，端部呈凸状时，应加压，挤出熔化金属，并密合牢固。

3）在加热过程中，当在钢筋端面缝隙完全密合之前发生灭火中断现象时，应将钢筋取下重新打磨、安装，然后点燃火焰进行焊接。若灭火中断发生在钢筋端面缝隙完全密合之后，可继续加热加压。

注：本内容参照《钢筋焊接及验收规程》JGJ 18—2012 第 4.7.5～4.7.7 条的规定。

（4）缺陷的消除措施

在焊接生产中，焊工应自检，当发现焊接缺陷时，应查找原因，并采取措施，及时消除。常见气压焊焊接缺陷及消除措施见表 1-27。

气压焊焊接缺陷及消除措施　　　　　　　　　　表 1-27

焊接缺陷	产 生 原 因	消 除 措 施
轴线偏移(偏心)	1. 焊接夹具变形,两夹头不同心,或夹具刚度不够; 2. 两钢筋安装不正; 3. 钢筋接合端面倾斜; 4. 钢筋未夹紧进行焊接	1. 检查夹具,及时修理或更换; 2. 重新安装夹紧; 3. 切平钢筋端面; 4. 夹紧钢筋再焊
弯折	1. 焊接夹具变形,两夹头不同心; 2. 平焊时,钢筋自由端过长; 3. 焊接夹具拆卸过早	1. 检验夹具,及时修理或更换; 2. 缩短钢筋自由端长度; 3. 熄火后半分钟再拆夹具
镦粗直径不够	1. 焊接夹具动夹头有效行程不够; 2. 顶压油缸有效行程不够; 3. 加热温度不够; 4. 压力不够	1. 检查夹具和顶压油缸,及时更换; 2. 采用适宜的加热温度及压力
镦粗长度不够	1. 加热幅度不够宽; 2. 顶压力过大过急	1. 增大加热幅度; 2. 加压时应平稳
钢筋表面严重烧伤	1. 火焰功率过大; 2. 加热时间过长; 3. 加热器摆动不匀	调整加热火焰,正确掌握操作方法
未焊合	1. 加热温度不够或热量分布不均; 2. 顶压力过小; 3. 接合端面不洁; 4. 端面氧化; 5. 中途灭火或火焰不当	合理选择焊接参数,正确掌握操作方法

注：本内容参照《钢筋焊接及验收规程》JGJ 18—2012 第 4.7.8 条的规定。

1.8.10 预埋件钢筋埋弧焊

1. 质量目标

(1) 预埋件钢筋 T 形接头的外观质量检查,应从同一台班内完成的同类型预埋件中抽查 5%,且不得少于 10 件。

(2) 预埋件钢筋 T 形接头外观质量检查结果,应符合下列规定:

1) 焊条电弧焊时,角焊缝焊脚尺寸（K）应符合下列规定:

① 当采用 HPB300 钢筋时,角焊缝焊脚尺寸（K）不得小于钢筋直径的 50%;

② 采用其他牌号钢筋时,焊脚尺寸（K）不得小于钢筋直径的 60%;

2) 埋弧压力焊或埋弧螺柱焊时,四周焊包凸出钢筋表面的高度,当钢筋直径为 18mm 及以下时,不得小于 3mm;当钢筋直径为 20mm 及以上时,不得小于 4mm;

3) 焊缝表面不得有气孔、夹渣和肉眼可见裂纹;

4) 钢筋咬边深度不得超过 0.5mm;

5) 钢筋相对钢板的直角偏差不得大于 2°。

(3) 预埋件外观质量检查结果,当有 2 个接头不符合上述规定时,应对全数接头的这一项目进行检查,并剔出不合格品,不合格接头经补焊后可提交二次验收。

(4) 力学性能检验时,应以 300 件同类型预埋件作为一批。一周内连续焊接时,可累

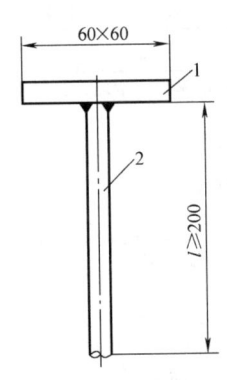

图 1-31　预埋件钢筋 T
形接头拉伸试件
1—钢板；2—钢筋

计计算。当不足 300 件时，亦应按一批计算。应从每批预埋件中随机切取 3 个接头做拉伸试验。试件的钢筋长度应大于或等于 200mm，钢板（锚板）的长度和宽度应等于 60mm，并视钢筋直径的增大而适当增大（图 1-31）。在预埋件生产中，也可将钢筋扳弯 30°后，观察接头区是否出现裂纹，作为对 T 形接头质量检查的一种自检方法，供参考。

（5）预埋件钢筋 T 形接头拉伸试验时，应采用专用夹具。

注：本内容参照《钢筋焊接及验收规程》JGJ 18—2012 第 5.8 条的规定。

2. 质量保障措施

（1）预埋件钢筋埋弧压力焊

1）预埋件钢筋埋弧压力焊设备应符合下列规定；

① 当钢筋直径为 6mm 时，可选用 500 型弧焊变压器作为焊接电源；当钢筋直径为 8mm 及以上时，应选用 1000 型弧焊变压器作为焊接电源；

② 焊接机构应操作方便、灵活，宜装有高频引弧装置。焊接地线宜采取对称接地法，以减少电弧偏移（图 1-32）。操作台面上应装有电压表和电流表；

③ 控制系统应灵敏、准确，并应配备时间显示装置或时间继电器，以控制焊接通电时间。

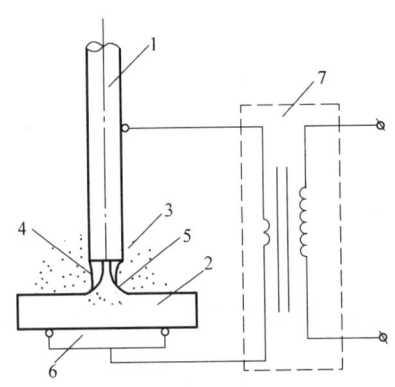

图 1-32　对称接地示意

1—钢筋；2—钢板；3—焊剂；4—电弧；5—熔池；6—铜板电极；7—焊接变压器

2）埋弧压力焊工艺过程应符合下列规定：

① 钢板应放平，并应与铜板电极接触紧密；

② 将锚固钢筋夹于夹钳内，应夹牢并放好挡圈，注满焊剂；

③ 接通高频引弧装置和焊接电源后，应立即将钢筋上提，引燃电弧，使电弧稳定燃烧，再渐渐下送；

④ 顶压时，用力应适度（图 1-33）；

⑤ 敲去渣壳，四周焊包凸出钢筋表面的高度，当钢筋直径为 18mm 及以下时，不得小于 3mm，当钢筋直径为 20mm 及以上时，不得小于 4mm。

3）埋弧压力焊的焊接参数应包括引弧提升高度、电弧电压、焊接电流和焊接通电时

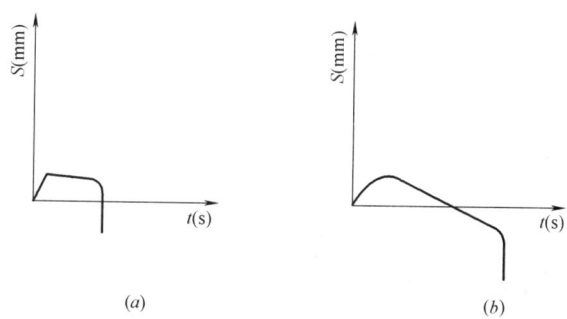

图 1-33　预埋件钢筋埋弧压力焊上钢筋位移

(a) 小直径钢筋；(b) 大直径钢筋

S—钢筋位移；t—焊接时间

间。当采用 500 型焊接变压器时，焊接参数见表 1-28。

埋弧压力焊焊接参数
表 1-28

钢筋牌号	钢筋直径 (mm)	引弧提升高度 (mm)	电弧电压 (V)	焊接电流 (A)	焊接通电时间 (s)
HPB300 HRB335 HRBF335 HRB400 HRBF400	6	2.5	30～35	400～450	2
	8	2.5	30～35	500～600	3
	10	2.5	30～35	500～650	5
	12	3.0	30～35	500～650	8
	14	3.5	30～35	500～650	15
	16	3.5	30～40	500～650	22
	18	3.5	30～40	500～650	30
	20	3.5	30～40	500～650	33
	22	4.0	30～40	500～650	36

有的施工单位已有 1000 型焊接变压器，可采用大电流、短时间的强参数焊接法，以提高劳动生产率。例如：焊接 ϕ10mm 钢筋时，采用焊接电流 550～650A，焊接通电时间 4s；焊接 ϕ16mm 钢筋时，650～800A，11s；焊接 ϕ25mm 钢筋时，650～800A，23s。

4）在埋弧压力焊生产中，引弧、燃弧（钢筋维持原位或缓慢下送）和顶压等环节应紧密配合，焊接地线应与铜板电极接触紧密，并应及时消除电极钳口的铁锈和污物，修理电极钳口的形状。

5）在埋弧压力焊生产中，焊工应自检，当发现焊接缺陷时，应查找原因，并采取措施，及时消除。常见预埋件钢筋埋弧压力焊焊接缺陷及消除措施见表 1-29。

预埋件钢筋埋弧压力焊焊接缺陷及消除措施
表 1-29

焊接缺陷	产 生 原 因	消 除 措 施
钢筋咬边	1. 焊接电流太大或焊接时间过长； 2. 顶压力不足	1. 减小焊接电流或缩短焊接时间； 2. 增大压力
气孔	1. 焊剂受潮； 2. 钢筋或钢板上有铁锈、油污	1. 烘焙焊剂； 2. 清除钢板或钢筋上的铁锈、油污

续表

焊接缺陷	产 生 原 因	消 除 措 施
夹渣	1. 焊剂中混入杂物; 2. 过早切断焊接电流; 3. 顶压太慢	1. 清除焊剂中的熔渣等杂物; 2. 避免过早切断焊接电流; 3. 加快顶压速度
未焊合	1. 焊接电流太小,通电时间太短; 2. 顶压力不足	1. 增大焊接电流,增加焊接通电时间; 2. 适当加大压力
焊包不均匀	1. 焊接地线接触不良; 2. 未对称接地	1. 保证焊接地线的接触良好; 2. 使焊接处对称导电
钢板焊穿	1. 焊接电流太大或焊接时间过长; 2. 钢板局部悬空	1. 减小焊接电流或减少焊接通电时间; 2. 避免钢板局部悬空
钢筋淬硬脆断	1. 焊接电流太大,焊接时间太短; 2. 钢筋化学成分超标	1. 减小焊接电流,延长焊接时间; 2. 检查钢筋化学成分
钢板凹陷	1. 焊接电流太大,焊接时间太短; 2. 顶压力太大,压入量过大	1. 减小焊接电流,延长焊接时间; 2. 减小顶压力,减小压入量

注：本内容参照《钢筋焊接及验收规程》JGJ 18—2012 第 4.8 条的规定。

(2) 预埋件钢筋埋弧螺柱焊

1) 预埋件钢筋埋弧螺柱焊的特点是强电流、短时间,主要依靠埋弧螺柱焊机和焊枪来实施。其设备应包括埋弧螺柱焊机、焊枪、焊接电缆、控制电缆和钢筋夹头等。

2) 埋弧螺柱焊机应由晶闸管整流器和调节-控制系统组成,有多种型号,在生产中应根据表 1-30 选用。

焊机选用 表 1-30

序号	钢筋直径(mm)	焊机型号	焊接电流调节范围(A)	焊接时间调节范围(s)
1	6~14	RSM~1000	100~1000	1.30~13.00
2	14~25	RSM~2500	200~2500	1.30~13.00
3	16~28	RSM~3150	300~3150	1.30~13.00

3) 埋弧螺柱焊焊枪有电磁铁提升式和电机拖动式两种,生产中应根据钢筋直径和长度选用焊枪。如果出现不稳定现象,应检查焊枪调节件是否牢固,运动件是否灵活。

4) 预埋件钢筋埋弧螺柱焊工艺应符合下列规定:

① 将预埋件钢板放平,在钢板的远处对称点,用两根电缆将钢板与焊机的正极连接,将焊枪与焊机的负极连接,连接应紧密、牢固;

② 将钢筋推入焊枪的夹持钳内,顶紧于钢板,在焊剂挡圈内注满焊剂;

③ 应在焊机上设定合适的焊接电流和焊接通电时间并在焊枪上设定合适的钢筋伸出长度和钢筋提升高度(表 1-31);

④ 按动焊枪按钮"开",接通电源,钢筋上提,引燃电弧(图 1-34);

⑤ 经过设定燃弧时间,钢筋自动插入熔池并断电;

⑥ 停息数秒钟,打掉渣壳,四周焊包应凸出钢筋表面。当钢筋直径为 18mm 及以下时,凸出高度不得小于 3mm;当钢筋直径为 20mm 及以上时,凸出高度不得小于 4mm。

埋弧螺柱焊焊接参数

表 1-31

钢筋牌号	钢筋直径 (mm)	焊接电流 (A)	焊接时间 (s)	提升高度 (mm)	伸出长度 (mm)	焊机牌号	焊剂型号
HPB300 HRB335 HRBF335 HRB400 HRBF400	6	450～550	3.2～2.3	4.8～5.5	5.5～6.0	HJ 431 SJ 101	RSM1000
	8	470～580	3.4～2.5	4.8～5.5	5.5～6.5		RSM1000
	10	500～600	3.8～2.8	5.0～6.0	5.5～7.0		RSM1000
	12	550～650	4.0～3.0	5.5～6.5	6.5～7.0		RSM1000
	14	600～700	4.4～3.2	5.8～6.6	6.8～7.2		RSM1000/2500
	16	850～1100	4.8～4.0	7.0～8.5	7.5～8.5		RSM2500
	18	950～1200	5.2～4.5	7.2～8.6	7.8～8.8		RSM2500
	20	1000～1250	6.5～5.2	8.0～10.0	8.0～9.0		RSM3150/2500
	22	1200～1350	6.7～5.5	8.0～10.5	8.2～9.2		RSM3150/2500
	25	1250～1400	8.8～7.8	9.0～11.0	8.4～10.0		RSM3150/2500
	28	1350～1550	9.2～8.5	9.5～11.0	9.0～10.5		RSM3150

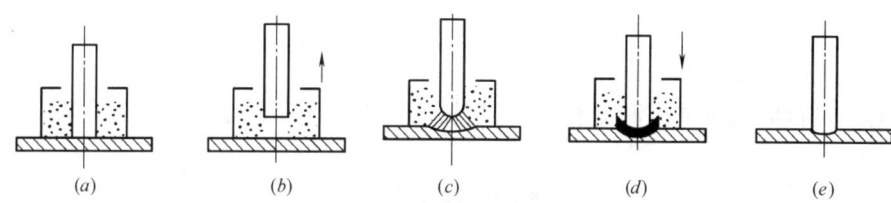

(a) (b) (c) (d) (e)

图 1-34 预埋件钢筋埋弧螺柱焊示意

(a) 套上焊剂挡圈，顶紧钢筋，注满焊剂；(b) 接通电源，钢筋上提，引燃电弧；(c) 燃弧；
(d) 钢筋插入熔池，自动断电；(e) 打掉渣壳，焊接完成

注：本内容参照《钢筋焊接及验收规程》JGJ 18—2012 第 4.9 条的规定。

1.8.11 钢筋接头的检验

1. 质量目标

钢筋机械连接接头、焊接接头的外观质量应符合现行行业标准的规定。

检验方法：观察，尺量。

注：本内容参照《混凝土结构工程施工质量验收规范》GB 50204—2015 第 5.4.5 条的规定。

2. 质量保障措施

（1）机械连接接头的检验

1）工程中使用钢筋机械接头时，应对接头技术提供单位提交的接头相关技术资料进行审查与验收，并包括下列内容：

① 工程所用接头的有效型式检验报告；

② 连接件产品设计、接头加工安装要求的相关技术文件；

③ 连接件产品合格证和连接件原材料质量证明书。

2) 接头工艺检验应针对不同钢筋生产厂的钢筋进行。在施工过程中，更换钢筋生产厂或接头技术提供单位时，应补充进行工艺检验。工艺检验应符合下列规定：

① 各种类型和型式的接头都应进行工艺检验，检验项目包括单向拉伸极限抗拉强度和残余变形；

② 每种规格钢筋的接头试件不应少于 3 根；

③ 接头试件在测量残余变形后可再进行抗拉强度试验，并宜按表 1-32 的加载制度进行试验；

接头试件型式检验的加载制度 表 1-32

试验项目		加 载 制 度
单向拉伸		$0 \rightarrow 0.6f_{yk} \rightarrow 0$(测量残余变形)→最大拉力(记录极限抗拉强度)→破坏(测定最大力下总伸长率)
高应力反复拉压		$0 \rightarrow (0.9f_{yk} \rightarrow -0.5f_{yk}) \rightarrow$破坏(反复 20 次)
大变形反复拉压	Ⅰ级 Ⅱ级	$0 \rightarrow (2\varepsilon_{yk} \rightarrow -0.5f_{yk}) \rightarrow (5\varepsilon_{yk} \rightarrow -0.5f_{yk}) \rightarrow$破坏 (反复 4 次) (反复 4 次)
	Ⅲ级	$0 \rightarrow (2\varepsilon_{yk} \rightarrow -0.5f_{yk}) \rightarrow$破坏 (反复 4 次)

注：荷载与变形测量偏差不应大于±5%。

④ 每根试件的抗拉强度和 3 根接头试件的残余变形的平均值均应符合表 1-33 和表 1-34 的规定；

接头极限抗拉强度 表 1-33

接头等级	Ⅰ级		Ⅱ级	Ⅲ级
极限抗拉强度	$f_{mst}^0 \geqslant f_{stk}$ 或 $f_{mst}^0 \geqslant 1.10f_{stk}$	钢筋拉断 连接件破坏	$f_{mst}^0 \geqslant f_{stk}$	$f_{mst}^0 \geqslant 1.25f_{yk}$

注：1. 钢筋拉断指断于钢筋母材、套筒外钢筋丝头和钢筋镦粗过渡段；

2. 连接件破坏指断于套筒、套筒纵向开裂或钢筋从套筒中拔出以及其他连接组件破坏。

接头变形性能 表 1-34

接头等级		Ⅰ级	Ⅱ级	Ⅲ级
单向拉伸	残余变形 (mm)	$u_0 \leqslant 0.10(d \leqslant 32)$ $u_0 \leqslant 0.14(d > 32)$	$u_0 \leqslant 0.14(d \leqslant 32)$ $u_0 \leqslant 0.16(d > 32)$	$u_0 \leqslant 0.14(d \leqslant 32)$ $u_0 \leqslant 0.16(d > 32)$
	最大力下总伸长率(%)	$A_{sgt} \geqslant 6.0$	$A_{sgt} \geqslant 6.0$	$A_{sgt} \geqslant 3.0$
高应力反复拉压	残余变形 (mm)	$u_{20} \leqslant 0.3$	$u_{20} \leqslant 0.3$	$u_{20} \leqslant 0.3$
大变形反复拉压	残余变形 (mm)	$u_4 \leqslant 0.3$ 且 $u_8 \leqslant 0.6$	$u_4 \leqslant 0.3$ 且 $u_8 \leqslant 0.6$	$u_4 \leqslant 0.6$

⑤ 工艺检验不合格时，应进行工艺参数调整，合格后方可按最终确认的工艺参数进行接头批量加工。

3) 钢筋丝头加工应进行自检，监理或质检部门对现场丝头加工质量有异议时，可随机抽取3根接头试件进行极限抗拉强度和单向拉伸残余变形检验，如有1根试件极限抗拉强度或3根试件残余变形值的平均值不合格时，应整改后重新检验，检验合格后方可继续加工。

4）接头安装前的检验与验收应满足表1-35的要求。

接头安装前检验项目与验收要求 表1-35

接头类型	检验项目	验收要求
螺纹接头	套筒标志	符合现行行业标准《钢筋机械连接用套筒》JG/T 163的有关规定
	进场套筒适用的钢筋强度等级	与工程用钢筋强度等级一致
	进场套筒与型式检验的套筒尺寸和材料的一致性	符合有效型式检验报告记载的套筒参数
套筒挤压接头	套筒标志	符合现行行业标准《钢筋机械连接用套筒》JG/T 163的有关规定
	套筒压痕标记	符合有效型式检验报告记载的压痕道次
	用于检查钢筋插入套筒深度的钢筋表面标记	符合《钢筋机械连接技术规程》JGJ 107—2016第6.3.3条的要求
	进场套筒适用的钢筋强度等级	与工程用钢筋强度等级一致
	进场套筒与型式检验的套筒尺寸和材料的一致性	符合有效型式检验报告记载的套筒参数

5）接头现场抽检项目应包括极限抗拉强度试验、加工和安装质量检验。抽检应按验收批进行，同钢筋生产厂、同强度等级、同规格、同类型和同型式接头应以500个为一个验收批进行检验与验收，不足500个也应作为一个验收批。

6）接头安装检验应符合下列规定：

① 螺纹接头安装后应按前本条5）的验收批，抽取其中10%的接头进行拧紧扭矩校核，拧紧扭矩值不合格数超过被校核接头数的5%时，应重新拧紧全部接头，直到合格为止。

② 套筒挤压接头应按验收批抽取10%接头，压痕处套筒外径应为原套筒外径的0.80～0.90倍，挤压后套筒长度应为原套筒长度的1.10～1.15倍；钢筋插入套筒深度应满足产品设计要求，检查不合格数超过10%时，可在本批外观检验不合格的接头中抽取3个试件做极限抗拉强度试验，按本条7）进行评定。

7）对接头的每一验收批，应在工程结构中随机截取3个接头试件做极限抗拉强度试验，按设计要求的接头等级进行评定。当3个接头试件的极限抗拉强度均符合要求时，该验收批应评为合格。当仅有1个试件的极限抗拉强度不符合要求，应再取6个试件进行复检。复检中仍有1个试件的极限抗拉强度不符合要求，该验收批应评为不合格。

8）对封闭环形钢筋接头、钢筋笼接头、地下连续墙预埋套筒接头、不锈钢钢筋接头、装配式结构构件间的钢筋接头和有疲劳性能要求的接头，可见证取样，在已加工并检验合格的钢筋丝头成品中随机割取钢筋试件，按要求与随机抽取的进场套筒组装成3个接头试件做极限抗拉强度试验，按设计要求的接头等级进行评定。验收批合格评定应符合本条

7）的规定。

9）同一接头类型、同型式、同等级、同规格的现场检验连续 10 个验收批抽样试件抗拉强度试验一次合格率为 100％时，验收批接头数量可扩大为 1000 个；当验收批接头数量少于 200 个时，可按本条 7）或 8）相同的抽样要求随机抽取 2 个试件做极限抗拉强度试验，当 2 个试件的极限抗拉强度均满足强度要求时，该验收批应评为合格。当有 1 个试件的极限抗拉强度不满足要求，应再取 4 个试件进行复检，复检中仍有 1 个试件极限抗拉强度不满足要求，该验收批应评为不合格。

10）对有效认证的接头产品，验收批数量可扩大至 1000 个；当现场抽检连续 10 个验收批抽样试件极限抗拉强度检验一次合格率为 100％时，验收批接头数量可扩大为 1500 个。当扩大后的各验收批中出现抽样试件极限抗拉强度检验不合格的评定结果时，应将随后的各验收批数量恢复为 500 个，且不得再次扩大验收批数量。

11）设计对接头疲劳性能要求进行现场检验的工程，可按设计提供的钢筋应力幅和最大应力，或根据表 1-36 中相近的一组应力进行疲劳性能验证性检验，并应选取工程中大、中、小三种直径钢筋各组装 3 根接头试件进行疲劳试验。全部试件均通过 200 万次重复加载未破坏，应评定该批接头试件疲劳性能合格。每组中仅一根试件不合格，应再取相同类型和规格的 3 根接头试件进行复检，当 3 根复检试件均通过 200 万次重复加载未破坏，应评定该批接头试件疲劳性能合格，复检中仍有 1 根试件不合格时，该验收批应评定为不合格。

HRB400 钢筋接头疲劳性能检验的应力幅和最大应力　　　　表 1-36

应力组别	最小与最大 应力比值 ρ	应力幅值 （MPa）	最大应力 （MPa）
第一组	0.70～0.75	60	230
第二组	0.45～0.50	100	190
第三组	0.25～0.30	120	165

12）现场截取抽样试件后，原接头位置的钢筋可采用同等规格的钢筋进行绑扎搭接连接、焊接或机械连接方法补接。

13）对抽检不合格的接头验收批，应由工程有关各方研究后提出处理方案。

注：本内容参照《钢筋机械连接技术规程》JGJ 107—2016 第 7.0.1～7.0.13 条的规定。

（2）焊接接头力学性能试验

1）钢筋闪光对焊接头、电弧焊接头、电渣压力焊接头、气压焊接头、箍筋闪光对焊接头、预埋件钢筋 T 形接头的拉伸试验，应从每一检验批接头中随机切取 3 个接头进行试验并应按下列规定对试验结果进行评定：

① 符合下列条件之一，应评定该检验批接头拉伸试验合格：

a. 3 个试件均断于钢筋母材，呈延性断裂，其抗拉强度大于或等于钢筋母材抗拉强度标准值。

b. 2 个试件断于钢筋母材，呈延性断裂，其抗拉强度大于或等于钢筋母材抗拉强度标准值，另 1 试件断于焊缝，呈脆性断裂，其抗拉强度大于或等于钢筋母材抗拉强度标准值的 1.0 倍。

注：试件断于热影响区，呈延性断裂，应视作与断于钢筋母材等同；试件断于热影响区，呈脆性断裂，应视作与断于焊缝等同。

② 符合下列条件之一，应进行复验：

a. 2 个试件断于钢筋母材，呈延性断裂，其抗拉强度大于或等于钢筋母材抗拉强度标准值，另 1 试件断于焊缝，或热影响区，呈脆性断裂，其抗拉强度小于钢筋母材抗拉强度标准值的 1.0 倍。

b. 1 个试件断于钢筋母材，呈延性断裂，其抗拉强度大于或等于钢筋母材抗拉强度标准值，另 2 个试件断于焊缝或热影响区，呈脆性断裂。

③ 3 个试件均断于焊缝，呈脆性断裂，其抗拉强度均大于或等于钢筋母材抗拉强度标准值的 1.0 倍，应进行复验。当 3 个试件中有 1 个试件抗拉强度小于钢筋母材抗拉强度标准值的 1.0 倍时，应评定该检验批接头拉伸试验不合格。

④ 复验时，应切取 6 个试件进行试验。试验结果，若有 4 个或 4 个以上试件断于钢筋母材，呈延性断裂，其抗拉强度大于或等于钢筋母材抗拉强度标准值，另 2 个或 2 个以下试件断于焊缝，呈脆性断裂，其抗拉强度大于或等于钢筋母材抗拉强度标准值的 1.0 倍，应评定该检验批接头拉伸试验复验合格。

⑤ 可焊接余热处理钢筋 RRB400W 焊接接头拉伸试验结果，其抗拉强度应符合同级别热轧带肋钢筋抗拉强度标准值 540MPa 的规定。

⑥ 预埋件钢筋 T 形接头拉伸试验结果，3 个试件的抗拉强度均大于或等于表 1-37 的规定值时，应评定该检验批接头拉伸试验合格。若有 1 个接头试件抗拉强度小于表 1-37 的规定值时，应进行复验。

复验时，应切取 6 个试件进行试验。复验结果，其抗拉强度均大于或等于表 1-37 的规定值时，应评定该检验批接头拉伸试验复验合格。

注：本内容参照《钢筋焊接及验收规程》JGJ 18—2012 第 5.1.7 条的规定。

2）钢筋闪光对焊接头、气压焊接头进行弯曲试验时，应从每一个检验批接头中随机切取 3 个接头，焊缝应处于弯曲中心点，弯心直径和弯曲角度应符合表 1-38 的规定。

弯曲试验结果应按下列规定进行评定：

预埋件钢筋 T 形接头抗拉强度规定值　　　　　　　　　　　　表 1-37

钢筋牌号	抗拉强度规定值(MPa)
HPB300	400
HRB335、HRBF335	435
HRB400、HRBF400	520
HRB500、HRBF500	610
RRB400W	520

接头弯曲试验指标 表 1-38

钢筋牌号	弯心直径	弯曲角度(°)
HPB300	2d	90
HRB335、HRBF335	4d	90
HRB400、HRBF400、RRB400W	5d	90
HRB500、HRBF500	7d	90

注：1. d 为钢筋直径（mm）；

2. 直径大于 25mm 的钢筋焊接接头，弯心直径应增加 1 倍钢筋直径。

① 当试验结果，弯曲至 90°，有 2 个或 3 个试件外侧（含焊缝和热影响区）未发生宽度达到 0.5mm 的裂纹时，应评定该检验批接头弯曲试验合格。

② 当有 2 个试件发生宽度达到 0.5mm 的裂纹时，应进行复验。

③ 当有 3 个试件发生宽度达到 0.5mm 的裂纹时，应评定该检验批接头弯曲试验不合格。

④ 复验时，应切取 6 个试件进行试验。复验结果，当不超过 2 个试件发生宽度达到 0.5mm 的裂纹时，应评定该检验批接头弯曲试验复验合格。

注：本内容参照《钢筋焊接及验收规程》JGJ 18—2012 第 5.1.8 条的规定。

1.9 钢筋锚固细则

📋 **《质量安全手册》第 3.2.9 条：**

钢筋锚固符合设计和规范要求。

1.9.1 锚固的形式和锚固长度

1. 质量目标

(1) 受力钢筋的锚固方式应符合设计要求。

注：本内容参照《混凝土结构工程施工质量验收规范》GB 50204—2015 第 5.5.2 条的规定。

(2) 钢筋混凝土结构中纵向钢筋的锚固长度及钢筋构造应符合设计要求，锚固长度允许偏差为 —20mm。

注：本内容参照《混凝土结构工程施工质量验收规范》GB 50204—2015 第 5.2.6 条的规定。

2. 质量保障措施

(1) 锚固长度的计算

1) 当计算中充分利用钢筋的抗拉强度时，受拉钢筋的锚固应符合下列要求：

① 基本锚固长度应按下列公式计算：

普通钢筋：

$$l_{ab} = \alpha \frac{f_y}{f_t} d \tag{1-3}$$

预应力筋：

$$l_{ab} = \alpha \frac{f_{py}}{f_t} d \tag{1-4}$$

式中 l_{ab}——受拉钢筋的基本锚固长度；

f_y、f_{py}——普通钢筋、预应力筋的抗拉强度设计值；

f_t——混凝土轴心抗拉强度设计值，当混凝土强度等级高于 C60 时，按 C60 取值；

d——锚固钢筋的直径；

α——锚固钢筋的外形系数，按表 1-39 取用。

锚固钢筋的外形系数 α　　　　　　　　　　表 1-39

钢筋类型	光圆钢筋	带肋钢筋	螺旋肋钢丝	三股钢绞线	七股钢绞线
α	0.16	0.14	0.13	0.16	0.17

注：光圆钢筋末端应做 180°弯钩，弯后平直段长度不应小于 $3d$，作为受压钢筋时可不做弯钩。

② 受拉钢筋的锚固长度应根据锚固条件按下列公式计算，且不应小于 200mm。

$$l_a = \zeta_a l_{ab} \tag{1-5}$$

式中 l_a——受拉钢筋的锚固长度；

ζ_a——锚固长度修正系数，对普通钢筋按规范第 8.3.2 条的规定取用，当多于一项时，可按连乘计算，但不应小于 0.6；对预应力筋，可取 1.0。

2）纵向受拉普通钢筋的锚固长度修正系数应按下列规定取用：

① 当带肋钢筋的公称直径大于 25mm 时，取 1.10；

② 环氧树脂涂层带肋钢筋取 1.25；

③ 施工过程中易受扰动的钢筋取 1.10；

④ 当纵向受力钢筋的实际配筋面积大于其设计计算面积时，修正系数取设计计算面积与实际配筋面积的比值，但对有抗震设防要求及直接承受动力荷载的结构构件，不应考虑此项修正；

⑤ 锚固钢筋的保护层厚度为 $3d$ 时，修正系数可取 0.80，保护层厚度为 $5d$ 时，修正系数可取 0.70，中间按内插取值，此处 d 为锚固钢筋的直径。

注：本内容参照《混凝土结构工程施工质量验收规范》GB 50204—2015 第 8.3.1、8.3.2 条的规定。

（2）纵向受拉钢筋锚固

当纵向受拉普通钢筋末端采用弯钩或机械锚固措施时，包括弯钩或锚固端头在内的锚固长度（投影长度）可取为基本锚固长度 l_{ab} 的 60%。弯钩和机械锚固的形式（图 1-35）及技术要求应符合表 1-40 的规定。

钢筋弯钩和机械锚固的形式及技术要求　　　　表 1-40

锚固形式	技 术 要 求
90°弯钩	末端 90°弯钩,弯钩内径 4d,弯后直段长度 12d
135°弯钩	末端 135°弯钩,弯钩内径 4d,弯后直段长度 5d
一侧贴焊锚筋	末端一侧贴焊长 5d 同直径钢筋
两侧贴焊锚筋	末端两侧贴焊长 3d 同直径钢筋
焊端锚板	末端与厚度 d 的锚板穿孔塞焊
螺栓锚头	末端旋入螺栓锚头

注: 1. 焊缝和螺纹长度应满足承载力要求;
　2. 螺栓锚头和焊接锚板的承压净面积不应小于锚固钢筋截面积的 4 倍;
　3. 螺栓锚头的规格应符合相关标准的要求;
　4. 螺栓锚头和焊接锚板的钢筋净间距不宜小于 4d,否则应考虑群锚效应的不利影响;
　5. 截面角部的弯钩和一侧贴焊锚筋的布筋方向宜向截面内侧偏置。

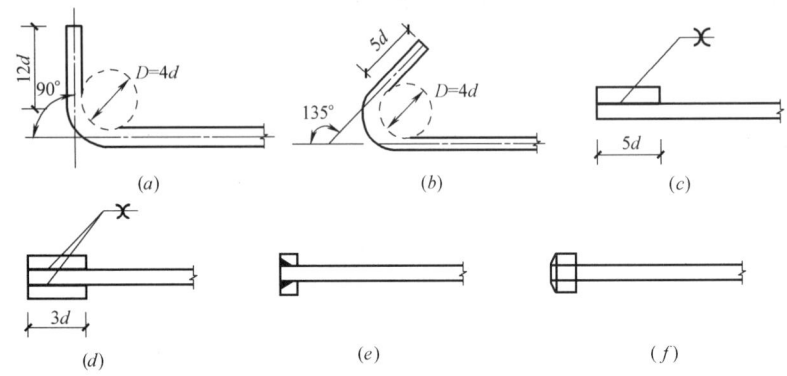

图 1-35　弯钩和机械锚固的形式及技术要求
(a) 90°弯钩;(b) 135°弯钩;(c) 一侧贴焊锚筋;(d) 两侧贴焊锚筋;(e) 穿孔塞焊锚板;(f) 螺栓锚头

注: 本内容参照《混凝土结构工程施工质量验收规范》GB 50204—2015 第 8.3.3 条的规定。

(3) 纵向受压钢筋锚固

1) 混凝土结构中的纵向受压钢筋,当计算中充分利用其抗压强度时,锚固长度不应小于相应受拉锚固长度的 70%。

2) 受压钢筋不应采用末端弯钩和一侧贴焊锚筋的锚固措施。

3) 受压钢筋锚固长度范围内的横向构造钢筋,其直径不应小于 $d/4$;对梁、柱、斜撑等构件间距不应大于 $5d$,对板、墙等平面构件间距不应大于 $10d$,且均不应大于 100mm,此处,d 为锚固钢筋的直径。

注: 本内容参照《混凝土结构工程施工质量验收规范》GB 50204—2015 第 8.3.4 条的规定。

1.9.2 锚固板锚固

1. 质量目标
(1) 受力钢筋的锚固方式应符合设计要求。

检验方法：观察，尺量。

注：本内容参照《混凝土结构工程施工质量验收规范》GB 50204—2015 第 5.5.2 条的规定。

（2）钢筋锚固板的外观质量应符合国家现行有关标准的规定。

检验方法：检查产品质量证明文件，观察，尺量。

注：本内容参照《混凝土结构工程施工质量验收规范》GB 50204—2015 第 5.2.6 条的规定。

2. 质量保障措施

（1）钢筋锚固板的要求

1）全锚固板承压面积不应小于锚固钢筋公称面积的 9 倍；

2）部分锚固板承压面积不应小于锚固钢筋公称面积的 4.5 倍；

3）锚固板厚度不应小于锚固钢筋公称直径；

4）当采用不等厚或长方形锚固板时，除应满足上述面积和厚度要求外，还应通过省部级的产品鉴定；

5）采用部分锚固板锚固的钢筋公称直径不宜大于 40mm，当公称直径大于 40mm 的钢筋采用部分锚固板锚固时，应通过试验验证确定其设计参数；

6）钢筋锚固板试件的极限拉力不应小于钢筋达到极限强度标准值时的拉力 $f_{stk}A_s$；

7）钢筋锚固板在混凝土中的锚固极限拉力不应小于钢筋达到极限强度标准值时的拉力 $f_{stk}A_s$。

注：本内容参照《钢筋锚固板应用技术规程》JGJ 256—2011 第 3.1.2、5.2.3、3.2.4 条的规定。

（2）螺纹连接钢筋丝头加工

1）操作工人应经专业技术人员培训，合格后持证上岗，人员应相对稳定；

2）钢筋丝头的加工应在钢筋锚固板工艺检验合格后才可以进行；

3）钢筋端面应平整，端部不得弯曲；

4）钢筋丝头公差带宜满足 6f 级精度要求，应用专用螺纹量规检验，通规能顺利旋入并达到要求的拧入长度，止规旋入不得超过 $3p$（p 为螺距），抽检数量 10%，检验合格率不应小于 95%；

5）丝头加工应使用水性润滑液，不得使用油性润滑液。

注：本内容参照《钢筋锚固板应用技术规程》JGJ 256—2011 第 5.1 条的规定。

（3）螺纹连接钢筋锚固板安装

1）应选择检验合格的钢筋丝头与锚固板进行连接。

2）锚固板安装时，可用管钳扳手拧紧。

3）应用扭力扳手进行抽检，校核拧紧扭矩，防止锚固板松动后影响丝头连接长度。拧紧扭矩值不应小于表 1-41 中的规定。

锚固板安装时的最小拧紧扭矩值　　　　　　　　　　　　　表 1-41

钢筋直径(mm)	≤16	18～20	22～25	28～32	36～40
拧紧扭矩(N·m)	100	200	260	320	360

4）安装完成后的钢筋端面应伸出锚固板端面，钢筋丝头外露长度不宜小于 $1.0p$（p 为螺距）。

注：本内容参照《钢筋锚固板应用技术规程》JGJ 256—2011 第 5.2 条的规定。

（4）焊接钢筋锚固板施工

1）从事焊接施工的焊工应持有焊工证方可上岗操作；

2）在正式施焊前，应进行现场条件下的焊接工艺试验，并经试验合格后方可正式生产；

3）用于穿孔塞焊的钢筋及焊条应符合现行行业标准《钢筋焊接及验收规程》JGJ 18 的相关规定；

4）焊缝应饱满，钢筋咬边深度不得超过 0.5mm，钢筋相对锚固板的直角偏差不应大于 3°；

5）在低温和雨雪天气情况下施焊时，应符合现行行业标准《钢筋焊接及验收规程》JGJ 18 的相关规定。

6）锚固板塞焊孔尺寸应符合规范规定（图 1-36）。有时可能需要增大锚固板尺寸，当有实践经验时，也可调整穿孔塞焊孔的参数。

注：本内容参照《钢筋锚固板应用技术规程》JGJ 256— 2011 第 5.3 条的规定。

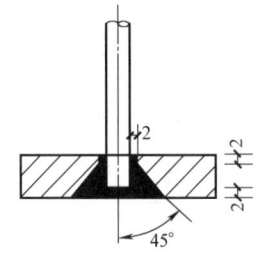

图 1-36　锚固板穿孔塞焊尺寸图
注：图中尺寸单位为 mm。

1.9.3 钢筋网的锚固

1. 质量目标

受力钢筋的锚固方式应符合设计要求。

检验方法：观察，尺量。

注：本内容参照《混凝土结构工程施工质量验收规范》GB 50204—2015 第 5.5.2 条的规定。

2. 质量保障措施

（1）最小锚固长度

1）带肋钢筋焊接网纵向受拉钢筋的锚固长度应符合图 1-37 的规定，并应符合下列规定：

① 当锚固长度内有横向钢筋时，锚固长度范围内的横向钢筋不应少于 1 根，且此横向钢筋至计算截面的距离不应小于 50mm；

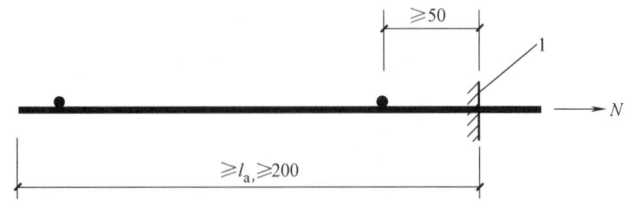

图 1-37　带肋钢筋焊接网纵向受拉钢筋的锚固
1—计算截面；N—拉力

② 当焊接网中的纵向钢筋为并筋时，锚固长度应按单根等效钢筋进行计算，等效钢筋的直径按截面面积相等的原则换算确定，2 根等直径并筋的锚固长度应按表 1-40 中的数值乘以系数 1.4 后取用；

③ 当锚固区内无横筋，焊接网中的纵向钢筋净距不小于 $5d$ 且纵向钢筋保护层厚度不小于 $3d$ 时，表 1-42 中钢筋的锚固长度可乘以 0.8 的修正系数，但不应小于 200mm；

④ 任何情况下的锚固长度均不应小于 200mm。

带肋钢筋焊接网纵向受拉钢筋的锚固长度 l_n （mm）　　　　表 1-42

钢筋焊接网类型		混凝土强度等级				
		C20	C25	C30	C35	≥C40
CRB550、CRB600H、HRB400、HRBF400 钢筋焊接网	锚固长度内无横筋	$45d$	$40d$	$35d$	$32d$	$30d$
	锚固长度内有横筋	$32d$	$28d$	$25d$	$22d$	$21d$
HRB500、HRBF500 钢筋焊接网	锚固长度内无横筋	$55d$	$48d$	$43d$	$39d$	$36d$
	锚固长度内有横筋	$39d$	$34d$	$30d$	$27d$	$25d$

注：d 为纵向受力钢筋直径（mm）。

2）作为构造钢筋用的冷拔光面钢筋焊接网，在锚固长度范围内应有不少于 2 根横向钢筋且较近 1 根横向钢筋至计算截面的距离不应小于 50mm，钢筋的锚固长度不应小于 150mm（图 1-38），锚固长度应取焊接网最外侧横向钢筋到计算截面的距离。

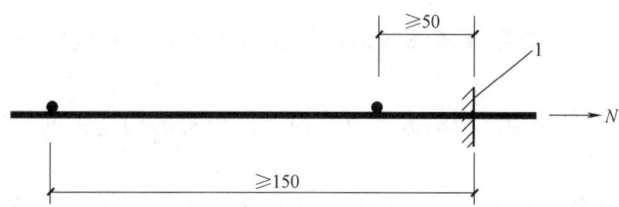

图 1-38　受拉光面钢筋焊接网的锚固
1—计算截面；N—拉力

3）钢筋焊接网的受拉钢筋，当采用附加绑扎带肋钢筋锚固时，其锚固长度应符合关于锚固长度内无横筋的有关规定。

注：本内容参照《钢筋焊接网混凝土结构技术规程》JGJ 114—2014 第 5.1.3～5.1.5 条的规定。

（2）板钢筋网锚固

1）板伸入支座的下部纵向受力钢筋，其间距不应大于 400mm，截面面积不应小于跨中受力钢筋截面面积的 1/2，伸入支座的锚固长度不宜小于 10 倍纵向受力钢筋直径，且不宜小于 100mm。网片最外侧钢筋距梁边的距离不应大于该方向钢筋间距的 1/2，且不宜大于 100mm。

注：本内容参照《钢筋焊接网混凝土结构技术规程》JGJ 114—2014 第 5.1.16 条的规定。

2）现浇楼盖周边与混凝土梁或混凝土墙整体浇筑的单向板或双向板，应沿周边在板上部布置构造钢筋焊接网，其直径不宜小于 7mm，间距不宜大于 200mm，且截面面积不宜小于板跨中相应方向纵向钢筋截面面积的 1/3，该钢筋自梁边或墙边伸入板内的长度，不宜小于短跨方向板计算跨度的 1/4。在板角处应沿两个垂直方向布置上部构造钢筋焊接网，该钢筋伸入板内的长度应从梁边（或柱边、或墙边）算起。上述上部构造钢筋应按受拉钢筋锚固。

注：本内容参照《钢筋焊接网混凝土结构技术规程》JGJ 114—2014 第 5.1.17 条的规定。

3）对嵌固在承重砌体墙内的现浇板，其上部焊接网的钢筋伸入支座的构造长度不宜小于 110mm，并在网端应有 1 根横向钢筋（图 1-39a）或将上部纵向构造钢筋弯折（图 1-39b）。

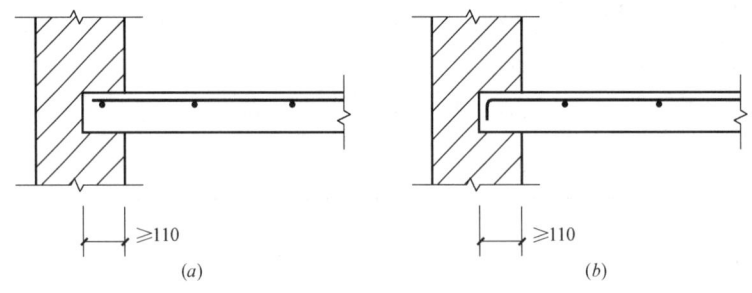

图 1-39　板上部受力钢筋焊接网的锚固
(a) 直网锚固；(b) 弯网锚固

注：本内容参照《钢筋焊接网混凝土结构技术规程》JGJ 114—2014 第 5.1.18 条的规定。

4）嵌固在砌体墙内的现浇板沿嵌固边在板上部配置的构造钢筋焊接网，应符合下列规定：

① 焊接网带肋钢筋直径不宜小于 5mm，间距不宜大于 200mm，该钢筋垂直伸入板内的长度从墙边算起不宜小于 $l_0/7$（l_0 为单向板的跨度或双向板的短边跨度）。

② 对两边均嵌固在墙内的板角部分，构造钢筋焊接网伸入板内的长度从墙边算起不宜小于 $l_0/4$（l_0 为板的短边跨度）。

注：本内容参照《钢筋焊接网混凝土结构技术规程》JGJ 114—2014 第 5.1.19 条的规定。

5）当端跨板与混凝土梁连接处按构造要求设置上部钢筋焊接网时，其钢筋伸入梁内的长度不应小于 25d，当梁宽较小，不满足 25d 时，应将上部钢筋伸至梁的箍筋内再弯折（图 1-40）。

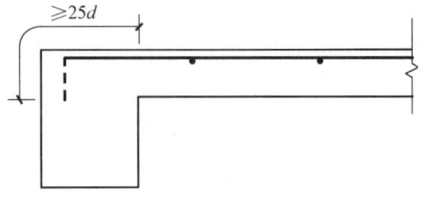

图 1-40　板上部钢筋焊接网与边跨混凝土梁的连接

注：本内容参照《钢筋焊接网混凝土结构技术规程》JGJ 114—2014 第 5.1.21 条的规定。

6）现浇双向板底网的搭接及锚固宜符合下列规定：

① 底网短跨方向的受力钢筋不宜在跨中搭接，在端部宜直接伸入支座锚固，也可采用与伸入支座的附加焊接网或绑扎钢筋搭接［图 1-41（a）～（c）］；

② 底网长跨方向的钢筋宜伸入支座锚固，也可采用与伸入支座的附加焊接网或绑扎钢筋搭接［图 1-41（a）～（d）］；

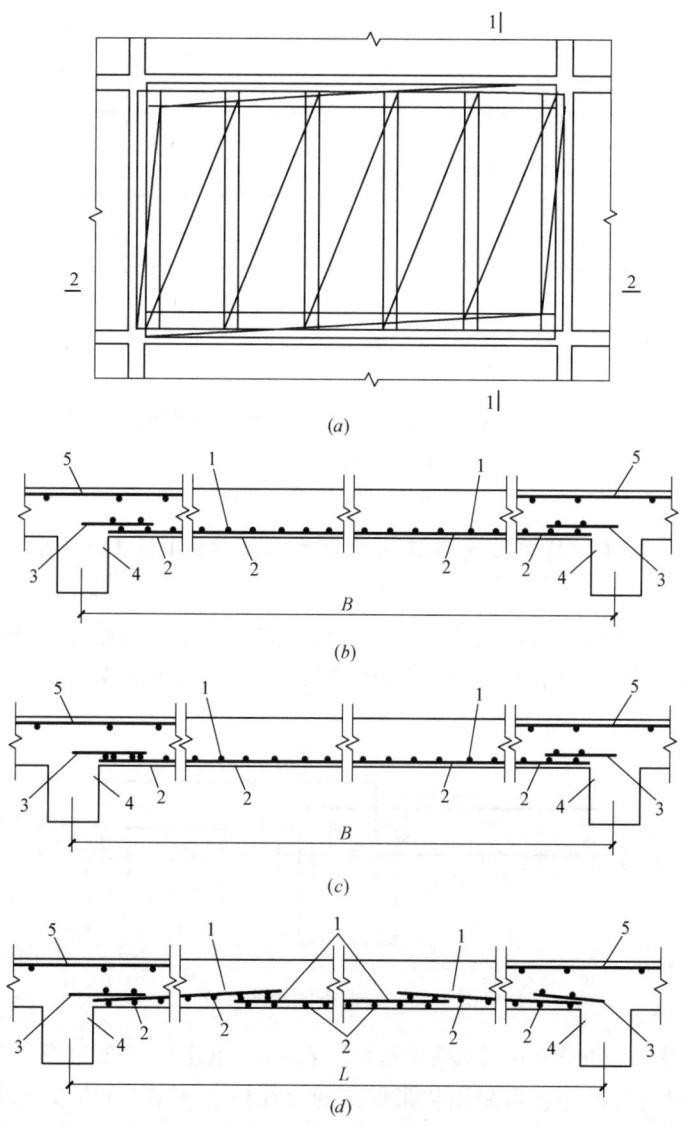

图 1-41 双向板底部钢筋焊接网的搭接

（a）双向板底网布置示意；（b）叠搭法搭接（1—1）；（c）扣搭法搭接（1—1）；（d）叠搭法搭接（2—2）

1—长跨方向钢筋；2—短跨方向钢筋；3—伸入支座的附加钢筋；4—支承梁；5—支座上部钢筋

注：本内容参照《钢筋焊接网混凝土结构技术规程》JGJ 114—2014 第 5.1.23 条的规定。

③ 附加焊接网或绑扎钢筋伸入支座的钢筋截面面积分别不应小于短跨、长跨方向跨中受力钢筋的截面面积；

④ 附加焊接网或绑扎钢筋伸入支座的锚固长度及搭接长度应符合本节最小锚固长度的规定。

7）现浇双向板的底网及满铺面网可采用单向焊接网的布网方式。当双向板的纵向钢筋和横向钢筋分别与构造钢筋焊成单向纵向网和单向横向网时，应按受力钢筋的位置和方向分层设置，底网应分别伸入相应的梁中（图1-42a），面网应按受力钢筋的位置和方向分层布置（图1-42b）。

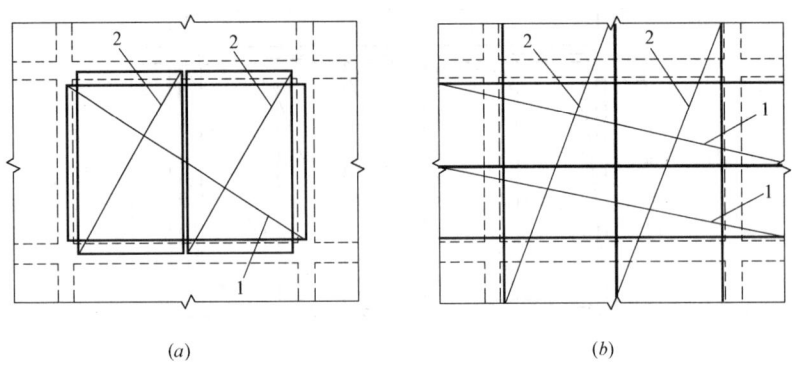

(a)　　　　　　　　　　　(b)

图 1-42　双向板底网、面网的双层布置
(a) 底网；(b) 面网
1—横向单向网；2—纵向单向网

注：本内容参照《钢筋焊接网混凝土结构技术规程》JGJ 114—2014 第 5.1.23 条的规定。

8）有高差板的面网，当高差大于 30mm 时，面网宜在有高差处断开，分别锚入梁中（图1-43），钢筋伸入梁的锚固长度应符合本节最小锚固长度的规定。

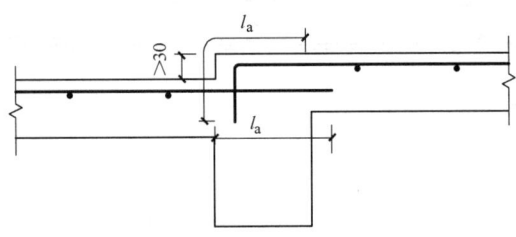

图 1-43　高差板的面网布置

注：本内容参照《钢筋焊接网混凝土结构技术规程》JGJ 114—2014 第 5.1.24 条的规定。

9）楼板面网与柱的连接可采用整张焊接网套在柱上（图1-44a），再与其他焊接网搭接，也可将面网在两个方向铺至柱边，其余部分按等强度设计原则用附加钢筋补足（图1-44b），也可单向网直接插入柱内。楼板面网与钢柱的连接亦可采用附加钢筋连接方式，钢筋的锚固长度应符合本节最小锚固长度的规定。

注：本内容参照《钢筋焊接网混凝土结构技术规程》JGJ 114—2014 第 5.1.26 条的规定。

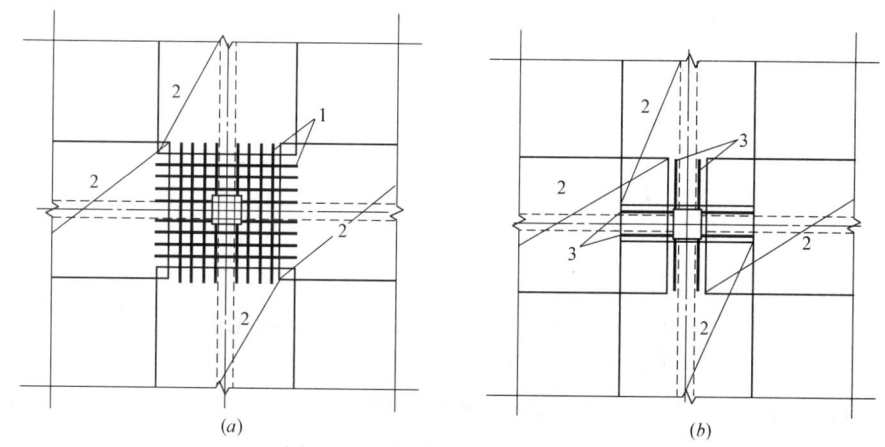

图 1-44　楼板焊接网与柱的连接

（a）焊接网套柱连接；（b）附加筋连接

1—套柱网片；2—焊接网的面网；3—附加钢筋

（3）墙钢筋网锚固

1）带肋钢筋焊接网在墙体中的构造应符合下列规定：

① 当墙体端部有暗柱时，墙中焊接网应布置至暗柱边，再用通过暗柱的 U 形筋与两侧焊接网搭接（图 1-45a），或将焊接网设在暗柱外侧，并将水平钢筋弯成直钩伸入暗柱内，直钩的长度宜为 $5\sim10d$ 且不应小于 50mm（图 1-45b）。当墙体端部为转角暗柱时，墙中两侧焊接网应布置至暗柱边，再用通过暗柱的 U 形筋与两侧焊接网搭接，搭接长度为 l_l 或 l_{lE}（图 1-45c）；

② 当墙体端部 T 形连接处为暗柱或边缘结构柱时，焊接网应布置至混凝土边，用 U

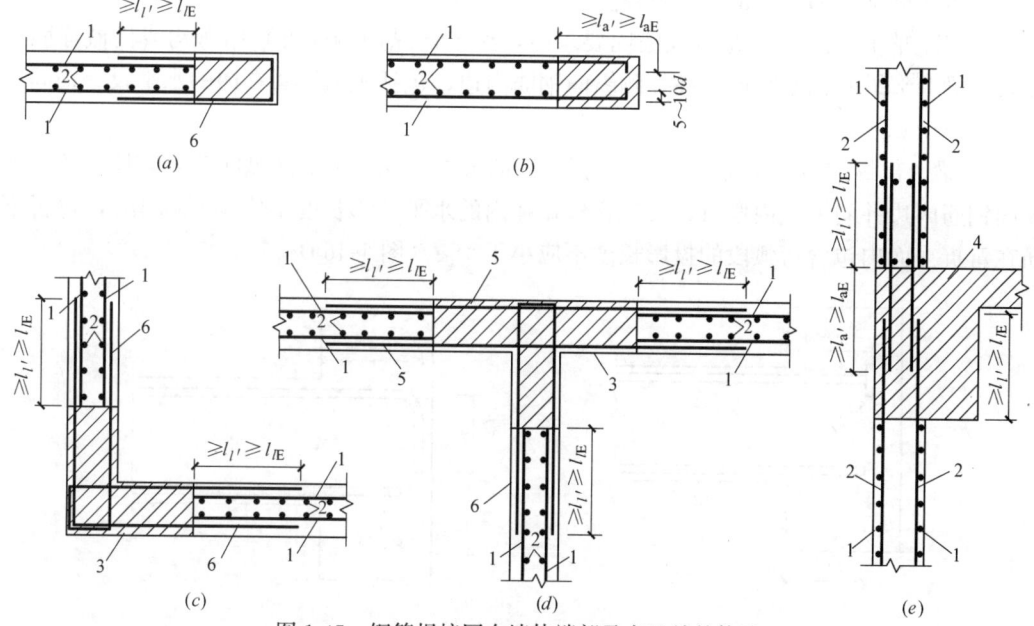

图 1-45　钢筋焊接网在墙体端部及交叉处的构造

（a）墙端有暗柱；（b）墙端有暗柱；（c）转角暗柱；（d）"T"形暗柱；（e）墙竖向钢筋锚入梁内

1—焊接网水平钢筋；2—焊接网竖向钢筋；3—暗柱；4—暗梁；5—连接钢筋；6—U 形筋

形筋连接内墙两侧焊接网，用同种钢筋连接垂直于内墙的外墙两侧焊接网的水平钢筋，其搭接长度均应为 l_l 或 l_{lE}（图 1-46d）；

③ 当墙体底部和顶部有梁或暗梁时，竖向分布钢筋应插入梁或暗梁中，其长度应为 l_a 或 l_{aE}（图 1-46e）。

注：本内容参照《钢筋焊接网混凝土结构技术规程》JGJ 114—2014 第 5.1.34 条的规定。

2）对两端须插入梁内锚固的焊接网，当网片纵向钢筋较细时，可利用网片的弯曲变形性能，先将焊接网中部向上弯曲，使两端能先后插入梁内，然后铺平网片。当钢筋较粗，焊接网不能弯曲时，可将焊接网的一端少焊 1～2 根横向钢筋，先插入该端，然后退插另一端，必要时可采用绑扎方法补回所减少的横向钢筋。

注：本内容参照《钢筋焊接网混凝土结构技术规程》JGJ 114—2014 第 6.3.1 条的规定。

1.9.4 梁柱节点锚固

1. 质量目标

受力钢筋的锚固方式应符合设计要求。

检验方法：观察，尺量。

注：本内容参照《混凝土结构工程施工质量验收规范》GB 50204—2015 第 5.5.2 条的规定。

2. 质量保障措施

（1）梁纵向钢筋在框架中间层端节点的锚固应符合下列要求：

1）梁上部纵向钢筋伸入节点的锚固

① 当采用直线锚固形式时，锚固长度不应小于 l_a，且应伸过柱中心线，伸过的长度不宜小于 5 倍梁上部纵向钢筋的直径。

② 当柱截面尺寸不满足直线锚固要求时，梁上部纵向钢筋可采用弯钩或机械锚固的方式。梁上部纵向钢筋宜伸至柱外侧纵向钢筋内边，包括机械锚头在内的水平投影锚固长度不应小于 $0.4l_{ab}$（图 1-46a）。

③ 梁上部纵向钢筋也可采用 90°弯折锚固的方式，此时梁上部纵向钢筋应伸至柱外侧纵向钢筋内边并向节点内弯折，其包含弯弧在内的水平投影长度不应小于 $0.4l_{ab}$，弯折钢筋在弯折平面内包含弯弧段的投影长度不应小于 $15d$（图 1-46b）。

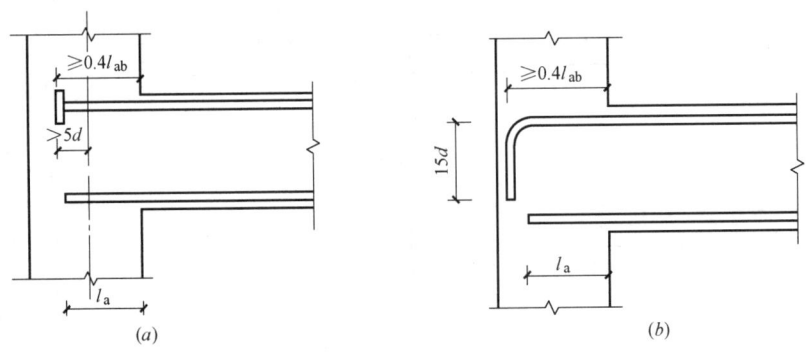

图 1-46 梁上部纵向钢筋在中间层端节点内的锚固

(a) 钢筋端部加锚头锚固；(b) 钢筋末端 90°弯折锚固

2）框架梁下部纵向钢筋伸入端节点的锚固

①当计算中充分利用该钢筋的抗拉强度时，钢筋的锚固方式及长度应与上部钢筋的规定相同。

②当计算中不利用该钢筋的强度或仅利用该钢筋的抗压强度时，伸入节点的锚固长度应符合中间节点梁下部纵向钢筋锚固的规定。

注：本内容参照《混凝土结构设计规范》GB 50010—2010 第 9.3.4 条的规定。

（2）框架中间层中间节点或连续梁中间支座，梁的上部纵向钢筋应贯穿节点或支座。梁的下部纵向钢筋宜贯穿节点或支座。

当必须锚固时，应符合下列锚固要求：

1）当计算中不利用该钢筋的强度时，其伸入节点或支座的锚固长度，对带肋钢筋不小于 12 倍钢筋的最大直径，对光面钢筋不小于 15 倍钢筋的最大直径；

2）当计算中充分利用钢筋的抗压强度时，钢筋应采用受压钢筋锚固在中间节点或中间支座内，其直线锚固长度不应小于 $0.7l_a$；

3）当计算中充分利用钢筋的抗拉强度时，钢筋可采用直线方式锚固在节点或支座内，锚固长度不应小于钢筋的受拉锚固长度 l_a（图 1-47a）；

4）当柱截面尺寸不足时，宜采用钢筋端部加锚头的机械锚固措施，也可采用 90°弯折锚固的方式；

5）钢筋可在节点或支座外梁中弯矩较小处设置搭接接头，搭接长度的起始点至节点或支座边缘的距离不应小于 $1.5h_0$（图 1-47b）。

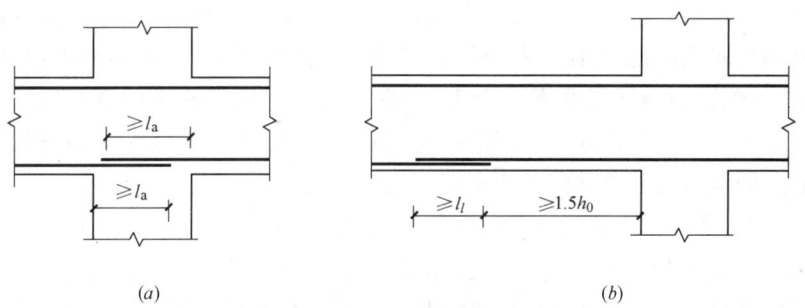

图 1-47　梁下部纵向钢筋在中间节点或中间支座范围的锚固与搭接

（a）下部纵向钢筋在节点中直线锚固；（b）下部纵向钢筋在节点或支座范围外的搭接

注：本内容参照《混凝土结构设计规范》GB 50010—2010 第 9.3.5 条的规定。

（3）柱纵向钢筋应贯穿中间层的中间节点或端节点，接头应设在节点区以外。

柱纵向钢筋在顶层中节点的锚固应符合下列要求：

1）柱纵向钢筋应伸至柱顶，且自梁底算起的锚固长度不应小于 l_a。

2）当截面尺寸不满足直线锚固要求时，可采用 90°弯折锚固措施。此时，包括弯弧在内的钢筋垂直投影锚固长度不应小于 $0.5l_{ab}$，在弯折平面内包含弯弧段的水平投影长度不宜小于 12d（图 1-48a）。

3）当截面尺寸不足时，也可采用带锚头的机械锚固措施。此时，包含锚头在内的竖向锚固长度不应小于 $0.5l_{ab}$（图 1-48b）。

4）当柱顶有现浇楼板且板厚不小于 100mm 时，柱纵向钢筋也可向外弯折，弯折后

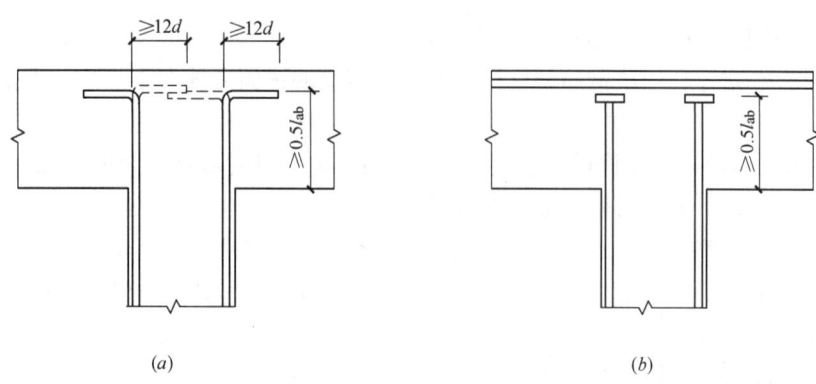

图 1-48 顶层节点中柱纵向钢筋在节点内的锚固

（a）柱纵向钢筋 90°弯折锚固；（b）柱纵向钢筋端头加锚板锚固

的水平投影长度不宜小于 $12d$。

注：本内容参照《混凝土结构设计规范》GB 50010—2010 第 9.3.6 条的规定。

（4）顶层端节点柱外侧纵向钢筋可弯入梁内作为梁上部纵向钢筋，也可将梁上部纵向钢筋与柱外侧纵向钢筋在节点及附近部位搭接，搭接可采用下列方式：

1）搭接接头可沿顶层端节点外侧及梁端顶部布置，搭接长度不应小于 $1.5l_{ab}$（图 1-49a）。其中，伸入梁内的柱外侧钢筋截面面积不宜小于其全部面积的 65%，梁宽范围以外的柱外侧钢筋宜沿节点顶部伸至柱内边锚固。当柱外侧纵向钢筋位于柱顶第一层时，钢筋伸至柱内边后宜向下弯折不小于 8 倍柱纵向钢筋的直径后截断（图 1-49a）；当柱外侧纵向钢筋位于柱顶第二层时，可不向下弯折。当现浇板厚度不小于 100mm 时，梁宽范围以外的柱外侧纵向钢筋也可伸入现浇板内，其长度与伸入梁内的柱纵向钢筋相同。

2）当柱外侧纵向钢筋配筋率大于 1.2% 时，伸入梁内的柱纵向钢筋应满足本条第 1 款规定且宜分两批截断，截断点之间的距离不宜小于 20 倍柱外侧纵向钢筋的直径。梁上部纵向钢筋应伸至节点外侧并向下弯至梁下边缘高度位置截断。

3）纵向钢筋搭接接头也可沿节点柱顶外侧直线布置（图 1-49b），此时，搭接长度自柱顶算起不应小于 $1.7l_{ab}$。当梁上部纵向钢筋的配筋率大于 1.2% 时，弯入柱外侧的梁上部纵向钢筋应满足本条第 1 款规定的搭接长度，且宜分两批截断，其截断点之间的距离不宜小于 20 倍梁上部纵向钢筋的直径。

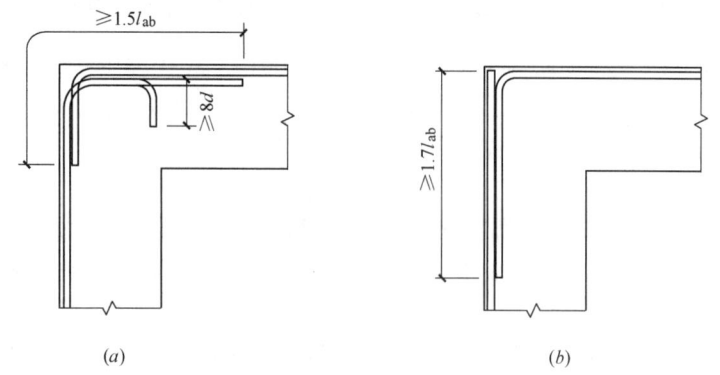

图 1-49 顶层端节点梁、柱纵向钢筋在节点内的锚固与搭接

（a）搭接接头沿顶层端节点外侧及梁端顶部布置；（b）搭接接头沿节点外侧直线布置

4) 当梁的截面高度较大，梁、柱纵向钢筋相对较小，从梁底算起的直线搭接长度未延伸至柱顶即已满足 $1.5l_{ab}$ 的要求时，应将搭接长度延伸至柱顶并满足搭接长度 $1.7l_{ab}$ 的要求；或者从梁底算起的弯折搭接长度未延伸至柱内侧边缘即已满足 $1.5l_{ab}$ 的要求时，其弯折后包括弯弧在内的水平段的长度不应小于 15 倍柱纵向钢筋的直径。

注：本内容参照《混凝土结构设计规范》GB 50010—2010 第 9.3.7 条的规定。

1.10　箍筋、拉筋弯钩细则

📋《质量安全手册》第 3.2.10 条：

箍筋、拉筋弯钩符合设计和规范要求。

1.10.1　箍筋弯钩的做法

1. 质量目标

箍筋的末端应按设计要求做弯钩。对一般结构构件，箍筋弯钩的弯折角度不应小于 90°，对有抗震设防要求及设计有专门要求的结构构件，箍筋弯钩的弯折角度不应小于 135°。圆形箍筋两末端均应做不小于 135°的弯钩。

检验方法：尺量。

注：本内容参照《混凝土结构工程施工质量验收规范》GB 50204—2015 第 5.3.3 条的规定。

2. 质量保障措施

(1) 对一般结构构件，箍筋弯钩的弯折角度不应小于 90°，弯折后平直部分长度不应小于箍筋直径的 5 倍，箍筋的弯钩形式可按图 1-50（*a*）、（*b*）加工；

(2) 对有抗震设防要求及设计有专门要求的结构构件，箍筋弯钩的弯折角度不应小于 135°，弯折后平直部分长度不应小于箍筋直径的 10 倍和 75mm 两者中的较大值，按图 1-50（*c*）加工；

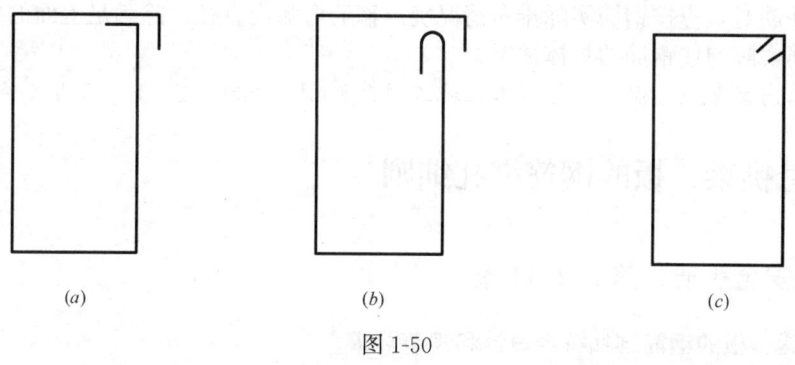

(*a*)	(*b*)	(*c*)

图 1-50

(3) 圆形箍筋的搭接长度不应小于其受拉锚固长度，且两末端均应做不小于 135°的弯钩，弯折后平直段长度，对一般结构构件不应小于箍筋直径的 5 倍，对有抗震设防要求的结构构件不应小于箍筋直径的 10 倍和 75mm 的较大值；

（4）用圆钢筋制成的箍筋末端弯钩长度应符合表 1-43。成型标准：高宽＋3 或－2mm，垂直歪扭：3mm，环口合一。

箍筋末端弯钩长度 表 1-43

箍筋直径 （mm）	受力钢筋直径（mm）	
	≤25	28～40
5～10	75	90
12	90	105

注：本内容参照《混凝土结构工程施工规范》GB 50666—2011 第 5.3.6 条的规定。

箍筋弯折处，弯弧内直径不应小于纵向受力钢筋直径，箍筋弯折处纵向受力钢筋为搭接钢筋或并筋时，应按钢筋实际排布情况确定箍筋弯弧内直径。

注：本内容参照《混凝土结构工程施工规范》GB 50666—2011 第 5.3.4 条的规定。

1.10.2　拉筋弯钩的做法

1. 质量目标

拉筋的末端应按设计要求做弯钩，并符合规范要求。

检验方法：尺量。

注：本内容参照《混凝土结构工程施工质量验收规范》GB 50204—2015 第 5.3.3 条的规定。

2. 质量保障措施

（1）拉筋的末端应按设计要求做弯钩；

（2）拉筋用作梁、柱复合箍筋中单肢箍筋或梁腰筋间拉结筋时，两端弯钩的弯折角度均不应小于 135°，弯折后平直段长度应符合对箍筋的有关规定；

（3）拉筋用作剪力墙、楼板等构件中拉结筋时，两端弯钩可采用一端 135°，另一端 90°，现场安装后再将 90°弯钩端弯成满足要求的 135°弯钩，弯折后平直段长度不应小于拉筋直径的 5 倍。

注：本内容参照《混凝土结构工程施工规范》GB 50666—2011 第 5.3.6 条的规定。

拉筋弯折处，弯弧内直径不应小于纵向受力钢筋直径，箍筋弯折处纵向受力钢筋为搭接钢筋或并筋时，应按钢筋实际排布情况确定箍筋弯弧内直径。除满足上面的要求外，还应考虑拉筋实际勾住钢筋的具体情况。

注：本内容参照《混凝土结构工程施工规范》GB 50666—2011 第 5.3.4 条的规定。

1.11　悬挑梁、板的钢筋绑扎细则

📋《质量安全手册》第 3.2.11 条：

悬挑梁、板的钢筋绑扎符合设计和规范要求。

1.11.1　悬挑梁钢筋绑扎

1. 质量目标

钢筋应安装牢固。受力钢筋的安装位置、锚固方式应符合设计要求。

检验方法：观察，尺量。

注：本内容参照《混凝土结构工程施工质量验收规范》GB 50204—2015 第 5.5.2 条的规定。

2. 质量保障措施

（1）在梁侧模板上画出箍筋间距，摆放箍筋。

（2）穿主梁的下部纵向受力钢筋及弯起钢筋，将箍筋按已画好的间距逐个分开；穿次梁的下部纵向受力钢筋及弯起钢筋，并套好箍筋；放主次梁的架立筋；隔一定间距将架立筋与箍筋绑扎牢固；调整箍筋间距使间距符合设计要求，绑架立筋，再绑主筋，主次梁同时配合进行。

（3）梁上部纵向筋的箍筋宜用套扣法绑扎，见图 1-51。箍筋的接头（弯钩叠合处）应交错布置在两根架立钢筋上，其余同柱。

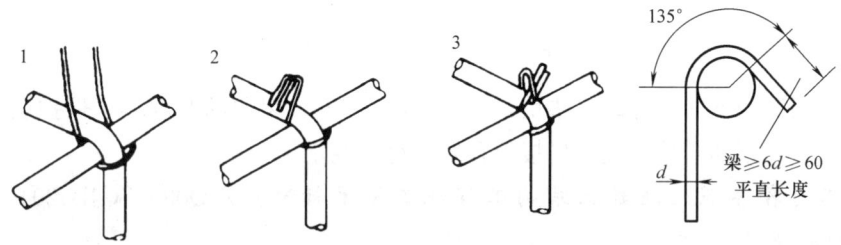

图 1-51　套扣绑扎示意图

（4）箍筋在叠合处的弯钩，在梁中应交错绑扎，箍筋弯钩为 135°，平直部分长度为 10d，若做成封闭箍时，单面焊缝长度为 5d。

（5）梁端第一个箍筋应设置在距离柱节点边缘 50mm 处。梁端与柱交接处箍筋应加密，其间距与加密区长度均要符合设计要求。

（6）板、次梁与主梁交叉处，板的钢筋在上，次梁的钢筋居中，主梁的钢筋在下；当有圈梁或垫梁时，主梁的钢筋在上。在主、次梁受力筋下均应垫垫块（或塑料卡），保证保护层的厚度。纵向受力钢筋采用双层排列时，两排钢筋之间应垫以直径≥25mm 的短钢筋，以保持其设计距离。梁筋的搭接长度末端与钢筋弯折处的距离，不得小于钢筋直径的10 倍。

注：本内容参照《混凝土结构工程施工技术标准》ZJQ08—SGJB 204—2005 第 5.5.2.2 条的规定。

1.11.2　板的钢筋绑扎

1. 质量目标

钢筋应安装牢固。受力钢筋的安装位置、锚固方式应符合设计要求。

检验方法：观察，尺量。

注：本内容参照《混凝土结构工程施工质量验收规范》GB 50204—2015 第 5.5.2 条的规定。

2. 质量保障措施

（1）板钢筋安装前，清理模板上面的杂物，并按主筋、分布筋间距在模板上弹出位置线。按弹好的线，先摆放受力主筋，后放分布筋。预埋件、电线管、预留孔等及时配合安装。在现浇板中有板带梁时，应先绑板带梁钢筋，再摆放板钢筋。

（2）绑扎板筋时一般用顺扣（图1-52）或八字扣，除外围两根筋的相交点应全部绑扎外，其余各点可交错绑扎（双向板相交点须全部绑扎）。若板为双层钢筋，两层筋之间须加钢筋马凳，以确保上部钢筋的位置。负弯矩钢筋每个相交点均要绑扎。

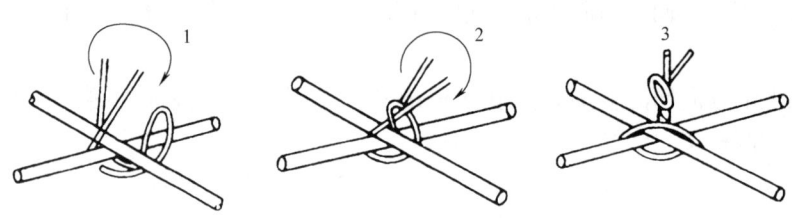

图1-52 顺扣绑扎示意图

（3）板钢筋的下面垫好砂浆垫块，一般间距1.5m。垫块的厚度等于保护层厚度，并满足设计要求。钢筋搭接长度与搭接位置要求符合规定。

注：本内容参照《混凝土结构工程施工技术标准》ZJQ08—SGJB 204—2005 第5.5.2.2条的规定。

1.12 后浇带预留钢筋的绑扎细则

📋 《质量安全手册》第3.2.12条：

后浇带预留钢筋的绑扎符合设计和规范要求。

1. 质量目标

后浇带的留设位置应符合设计要求。后浇带和施工缝的留设及处理方法应符合施工方案要求。

检验方法：观察。

注：本内容参照《混凝土结构工程施工质量验收规范》GB 50204—2015 第7.4.2条的规定。

2. 质量保障措施

后浇带处的钢筋完全不能转动，如果是弯折钢筋或是还要调整钢筋内力的场合，可将锁定螺母和连接套筒预先拧入加长的螺纹内，再反拧入另一根钢筋端头螺纹上，最后用锁定螺母锁定连接套筒，或配套应用带有正反螺纹的套筒，以便从一个方向上能松开或拧紧两根钢筋。

注：本内容参照《建筑安装工程施工技术操作规程》DB21 900.6—2005 第5.2.7.2条的规定。

1.13 钢筋保护层厚度细则

📋 《质量安全手册》第 3.2.13 条：

钢筋保护层厚度符合设计和规范要求。

📖 实施细则：

1.13.1 保护层厚度的要求

1. 质量目标

（1）受力钢筋保护层厚度的合格点率应达到 90% 及以上，且不得有超过表 1-44 中数值 1.5 倍的尺寸偏差。

钢筋安装允许偏差和检验方法 表 1-44

项目		允许偏差（mm）	检验方法
纵向受力钢筋、箍筋的混凝土保护层厚度	基础	±10	尺量
	柱、梁	±5	尺量
	板、墙、壳	±3	尺量

注：本内容参照《混凝土结构工程施工质量验收规范》GB 50204—2015 第 5.5.3 条的规定。

（2）锚具的封闭保护措施应符合设计要求。当设计无具体要求时，外露锚具和预应力筋的混凝土保护层厚度不应小于：一类环境时 20mm，二 a、二 b 类环境时 50mm，三 a、三 b 类环境时 80mm。

检验方法：观察，尺量。

注：本内容参照《混凝土结构工程施工质量验收规范》GB 50204—2015 第 6.5.4 条的规定。

2. 质量保障措施

（1）构件中普通钢筋及预应力筋的混凝土保护层厚度应满足下列要求：

1）构件中受力钢筋的保护层厚度不应小于钢筋的公称直径。

2）设计使用年限为 50 年的混凝土结构，最外层钢筋的保护层厚度应符合表 1-45 的规定；设计使用年限为 100 年的混凝土结构，最外层钢筋的保护层厚度不应小于表 1-45 中数值的 1.4 倍。

混凝土保护层的最小厚度 c（mm） 表 1-45

环境类别	板、墙、壳	梁、柱、杆
一	15	20
二 a	20	25

续表

环境类别	板、墙、壳	梁、柱、杆
二 b	25	35
三 a	30	40
三 b	40	50

注：1. 混凝土强度等级不大于 C25 时，表中保护层厚度数值应增加 5mm；

2. 钢筋混凝土基础宜设置混凝土垫层，基础中钢筋的混凝土保护层厚度应从垫层顶面算起，且不应小于 40mm。

注：本内容参照《混凝土结构设计规范》GB 50010—2010 第 8.2.1 条的规定。

（2）当有充分依据并采取下列措施时，可适当减小混凝土保护层的厚度：

1）构件表面有可靠的防护层；

2）采用工厂化生产的预制构件；

3）在混凝土中掺加阻锈剂或采用阴极保护处理等防锈措施；

4）当对地下室墙体采取可靠的建筑防水做法或防护措施时，与土层接触一侧钢筋的保护层厚度可适当减少，但不应小于 25mm。

注：本内容参照《混凝土结构设计规范》GB 50010—2010 第 8.2.2 条的规定。

（3）当梁、柱、墙中纵向受力钢筋的保护层厚度大于 50mm 时，宜对保护层采取有效的构造措施。当在保护层内配置防裂、防剥落的钢筋网片时，网片钢筋的保护层厚度不应小于 25mm。

注：本内容参照《混凝土结构设计规范》GB 50010—2010 第 8.2.3 条的规定。

（4）机械连接接头的混凝土保护层厚度除符合上面规定中受力钢筋的混凝土保护层最小厚度的规定外，还不得小于 15mm。

注：本内容参照《混凝土结构工程施工规范》GB 50666—2011 第 5.4.2 条的规定。

1.13.2　结构实体钢筋保护层厚度检测

1. 质量目标

（1）对涉及混凝土结构安全的有代表性的部位应进行结构实体检验。结构实体检验应包括钢筋保护层厚度的检验；

注：本内容参照《混凝土结构工程施工质量验收规范》GB 50204—2015 第 10.1.1 条的规定。

（2）结构实体检验中，当钢筋保护层厚度检验结果不满足要求时，应委托具有资质的检测机构按国家现行有关标准的规定进行检测。

注：本内容参照《混凝土结构工程施工质量验收规范》GB 50204—2015 第 10.1.5 条的规定。

2. 质量保障措施

（1）结构实体钢筋保护层厚度检验构件的选取应均匀分布，并应符合下列规定：

1）对非悬挑梁板类构件，应各抽取构件数量的 2% 且不少于 5 个构件进行检验。

2）对悬挑梁，应抽取构件数量的 5% 且不少于 10 个构件进行检验。当悬挑梁数量少于 10 个时，应全数检验。

3）对悬挑板，应抽取构件数量的 10％且不少于 20 个构件进行检验。当悬挑板数量少于 20 个时，应全数检验。

（2）对选定的梁类构件，应对全部纵向受力钢筋的保护层厚度进行检验；对选定的板类构件，应抽取不少于 6 根纵向受力钢筋的保护层厚度进行检验。对每根钢筋，应选择有代表性的不同部位量测 3 点取平均值。

（3）钢筋保护层厚度的检验，可采用非破损或局部破损的方法，也可采用非破损方法并用局部破损方法进行校准。当采用非破损方法检验时，所使用的检测仪器应经过计量检验，检测操作应符合相应规程的规定。钢筋保护层厚度检验的检测误差不应大于 1mm。

（4）钢筋保护层厚度检验时，纵向受力钢筋保护层厚度的允许偏差应符合表 1-46 的规定。

结构实体纵向受力钢筋保护层厚度的允许偏差 表 1-46

构件类型	允许偏差（mm）
梁	+10，−7
板	+8，−5

（5）梁类、板类构件纵向受力钢筋的保护层厚度应分别进行验收，并应符合下列规定：

1）当全部钢筋保护层厚度检验的合格率为 90％及以上时，可判为合格；

2）当全部钢筋保护层厚度检验的合格率小于 90％但不小于 80％时，可再抽取相同数量的构件进行检验。当按两次抽样总和计算的合格率为 90％及以上时，仍可判为合格；

3）每次抽样检验结果中不合格点的最大偏差均不应大于规定允许偏差的 1.5 倍。

注：本内容参照《混凝土结构工程施工质量验收规范》GB 50204—2015 附录 E 的规定。

混凝土工程

Chapter 02

2.1 模板板面处理细则

📋《质量安全手册》第 3.3.1 条:

模板板面应清理干净并涂刷脱模剂。

2.1.1 板面的表面清理

1. 质量目标

模板表面应平整、清洁,符合设计和规范要求。

注:本内容参照《混凝土结构工程施工质量验收规范》GB 50204—2015 第 4.2.5 条的规定。

2. 质量保障措施

(1) 接触混凝土的模板表面应平整,并应具有良好的耐磨性和硬度。清水混凝土模板的面板材料应能保证脱模后所需的饰面效果。

注:本内容参照《混凝土结构工程施工规范》GB 50666—2011 第 4.2.3 条的规定。

(2) 模板应在进场时和周转使用前全数检查外观质量。模板表面应平整,胶合板模板的胶合层不应脱胶翘角,支架杆件应平直且无严重变形和锈蚀,连接件应无严重变形和锈蚀,并不应有裂纹。

注:本内容参照《混凝土结构工程施工规范》GB 50666—2011 第 4.6.1 条的规定。

(3) 模板安装时,模板内不应有杂物、积水或冰雪等。模板与混凝土的接触面应平整、清洁。用作模板的地坪、胎膜等应平整、清洁,不应有影响构件质量的下沉、裂缝、起砂或起鼓。

注:本内容参照《混凝土结构工程施工质量验收规范》GB 50204—2015 第 4.2.5 条的规定。

2.1.2 隔离剂的涂刷

1. 质量目标

隔离剂的品种和涂刷方法应符合施工方案的要求。隔离剂不得影响结构性能及装饰施工,不得沾污钢筋、预应力筋、预埋件和混凝土接茬处,不得对环境造成污染。

检验方法：检查质量证明文件，观察。

注：本内容参照《混凝土结构工程施工质量验收规范》GB 50204—2015 第 4.2.6 条的规定。

2. 质量保障措施

（1）隔离剂主要功能为帮助模板顺利脱模，此外还具有保护混凝土结构的表面质量、增加模板的周转使用次数、降低工程成本等功能。

（2）隔离剂的品种、性能和涂刷方法应在施工方案中加以规定。选择隔离剂时，应避免使用可能会对混凝土结构受力性能和耐久性造成不利影响（如对混凝土中钢筋具有腐蚀性）的隔离剂，或影响混凝土表面后期装修（如使用废机油等）的隔离剂。

（3）工程实践中，当有条件时，隔离剂宜在支模前涂刷。当受施工条件限制或支模工艺不同时，也可现场涂刷。现场涂刷隔离剂容易沾污钢筋、预埋件和混凝土接茬处，可能会对混凝土结构受力性能造成不利影响，故应采取适当措施加以避免。

（4）验收内容为两项，即：隔离剂的品种、性能和隔离剂的涂刷质量。前者主要检查隔离剂质量证明文件以判定其品种、性能等是否符合要求，是否可能影响结构性能及装饰施工，是否可能对环境造成污染；后者主要是观察涂刷质量，并可对施工记录进行检查。

（5）对于长效隔离剂，宜对其周转使用的实际效果进行检验或试验。

注：本内容参照《混凝土结构工程施工质量验收规范》GB 50204—2015 第 4.2.6 条的规定。

（6）模板与混凝土接触面应清理干净并涂刷脱模剂，脱模剂不得污染钢筋和混凝土接茬处。

注：本内容参照《混凝土结构工程施工规范》GB 50666—2011 第 4.4.15 条的规定。

（7）雨期施工，应选用具有防雨水冲刷性能的模板脱模剂。

注：本内容参照《混凝土结构工程施工规范》GB 50666—2011 第 10.4.2 条的规定。

2.2　模板板面的平整度细则

📋 《质量安全手册》第 3.3.2 条：

模板板面的平整度符合要求。

1. 质量目标

现浇结构模板安装的表面平整度偏差为 5mm，预制构件模板安装的表面平整度偏差为 3mm。

检验方法：2m 靠尺和塞尺量测。

注：本内容参照《混凝土结构工程施工质量验收规范》GB 50204—2015 第 4.2.10、4.2.11 条的规定。

2. 质量保障措施

（1）组合钢模板安装

1）按配板图与施工说明书循序拼装，保证模板系统的整体稳定。

2）配件必须装插牢固。支柱和斜撑下的支撑面应平整垫实，并有足够的受压面积。

支撑件应着力于外钢楞。

3）基础模板必须支拉牢固，防止变形，侧模斜撑的底部应加设垫木。对于大型基础及大体积混凝土的侧面模板，可在外周设置支撑，在内侧设置拉筋。

4）墙和柱子模板的底面应找平，下端应与事先做好的定位基准靠紧垫平，在墙、柱上继续安装模板时，模板应有可靠的支撑点，由对拉螺栓承受墙模板的全部侧压力，设置斜撑调整和固定模板的垂直度，平直度应进行校正。

5）楼板模板支模时，应先完成一个格构的水平支撑及斜撑安装，再逐渐向外扩展，以保持支撑系统的稳定性。梁和楼板模的板支柱，至少有一道双向水平拉杆，并接近柱脚设置。每道拉杆在柱高方向的间距，应按计算确定。

6）预组装墙模板吊装就位后，下端应垫平，紧靠定位基准，两侧模板均应利用斜撑调整和固定其垂直度。

7）支柱在高度方向所设的水平撑与剪力撑，应按构造与整体稳定性布置。

8）多层及高层建筑中，上下层对应的模板支柱应设置在同一竖向中心线上。

9）模板工程安装时，同一条拼缝上的U形卡不宜向同一方向卡紧，墙两侧模板的对拉螺栓孔应平直相对，穿插螺栓时不得斜拉硬顶。钻孔应采用机具，严禁用电、气焊灼孔，以便保证对拉螺栓孔眼大小和形状的规整，与螺栓直径相适应，不使板面变形及孔缝漏浆。钢楞宜取用整根杆件，接头应错开设置，搭接长度不应少于200mm。

注：本内容参照《组合钢模板技术规范》GB/T 50214—2013 第5.2.1、5.2.2条的规定。

（2）钢框胶合板模板安装

1）模板安装应按施工方案进行，并应保证模板在安装过程中的稳定和安全。

2）模板吊装前应进行试吊，确认无疑后方可正式吊装。吊装过程中模板板面不得与坚硬物体摩擦或碰撞，防止损坏模板表面的光洁度。

3）模板安装前应均匀涂刷隔离剂，校对模板和配件的型号、数量，检查模板内侧附件连接情况，复核模板控制线和标高。

4）模板应按编号进行安装，模板拼接缝处应有防漏浆措施，对拉螺栓安装应保证位置正确、受力均匀。

5）模板的连接应可靠。当采用U形卡连接时，不宜沿同一方向设置。

6）模板的支撑及固定措施应便于校正模板的垂直度和标高，应保证其位置准确、牢固。立柱布置应上下对齐、纵横一致，并应设置剪刀撑和水平撑。立柱和斜撑两端的着力点应可靠，并应有足够的受压面。支撑两端不得同时垫楔片。

7）模板安装后应检查验收，钢筋及混凝土施工时不得损坏面板。在模板附近进行焊接作业等钢筋施工时，应采用石棉布或钢板遮盖面板，防止焊渣灼伤面板。

注：本内容参照《组合钢模板技术规范》GB/T 50214—2013 第6.2.1、6.2.8条的规定。

（3）建筑工程大模板安装

1）组拼式大模板现场组拼时，应用醒目字体按模位对模板重新编号；

2）大模板应进行样板间的试安装，经验证模板几何尺寸、接缝处理、零部件等准确后方可正式安装；

3）大模板安装前应放出模板内侧线及外侧控制线作为安装基准。模板与混凝土接触面应清理干净，涂刷隔离剂，刷过隔离剂的模板遇雨淋或其他因素失效后必须补刷。使用的隔离剂不得影响结构工程及装修工程质量。

4）大模板安装应符合模板配板设计要求。安装时，应按模板编号顺序遵循先内侧、后外侧，先横墙、后纵墙的原则安装就位，根部和顶部要有固定措施。门窗洞口模板的安装应按定位基准调整固定，保证混凝土浇筑时不移位。大模板支撑必须牢固、稳定，支撑点应设在坚固可靠处，不得与脚手架拉结。紧固对拉螺栓时应用力得当，不得使模板表面产生局部变形。大模板安装就位后，对缝隙及连接部位可采取堵缝措施，防止漏浆、错台现象。

5）组成大模板各系统之间的连接必须安全可靠。浇筑混凝土前必须对大模板的安装进行专项检查，并做检验记录。

注：本内容参照《组合钢模板技术规范》GB/T 50214—2013 第 6.3.1、6.3.2、6.1.4、6.1.5 条的规定。

2.3 模板的连接细则

《质量安全手册》第 3.3.3 条：

> 模板的各连接部位应连接紧密。

2.3.1 板与板、板与支架的连接

1. 质量目标

现浇混凝土结构模板及支架的安装质量，应符合国家现行有关标准的规定和施工方案的要求。

检验方法：按国家现行有关标准的规定执行。

注：本内容参照《混凝土结构工程施工质量验收规范》GB 50204—2015 第 4.2.2 条的规定。

2. 质量保障措施

（1）安装模板时，应进行测量放线，并应采取保证模板位置准确的定位措施。对竖向构件的模板及支架，应根据混凝土一次浇筑高度和浇筑速度，采取竖向模板抗侧移、抗浮和抗倾覆措施。对水平构件的模板及支架，应结合不同的支架和模板面板形式，采取支架间、模板间及模板与支架间的有效拉结措施。对可能承受较大风荷载的模板，应采取防风措施。

注：本内容参照《混凝土结构工程施工规范》GB 50666—2011 第 4.4.5 条的规定。

（2）对跨度不小于 4m 的梁、板，其模板施工起拱高度宜为梁、板跨度的 1/1000～3/1000。起拱不得减少构件的截面高度。

注：本内容参照《混凝土结构工程施工规范》GB 50666—2011 第 4.4.6 条的规定。

（3）采用扣件式钢管做模板支架时，支架搭设应符合下列规定：

1）模板支架搭设所采用的钢管、扣件规格，应符合设计要求；立杆纵距、立杆横距、

支架步距以及构造要求，应符合专项施工方案的要求。

2）立杆纵距、立杆横距不应大于1.5m，支架步距不应大于2.0m；立杆纵向和横向宜设置扫地杆，纵向扫地杆距立杆底部不宜大于200mm，横向扫地杆宜设置在纵向扫地杆的下方，立杆底部宜设置底座或垫板。

3）立杆接长除顶层步距可采用搭接外，其余各层步距接头应采用对接扣件连接，两个相邻立杆的接头不应设置在同一步距内。

4）立杆步距的上下两端应设置双向水平杆，水平杆与立杆的交错点应采用扣件连接，双向水平杆与立杆的连接扣件之间的距离不应大于150mm。

5）支架周边应连续设置竖向剪刀撑。支架长度或宽度大于6m时，应设置中部纵向或横向的竖向剪刀撑，剪刀撑的间距和单幅剪刀撑的宽度均不宜大于8m，剪刀撑与水平杆的夹角宜为45°～60°；支架高度大于3倍步距时，支架顶部宜设置一道水平剪刀撑，剪刀撑应延伸至周边。

6）立杆、水平杆、剪刀撑的搭接长度，不应小于0.8m，且不应少于2个扣件连接，扣件盖板边缘至杆端不应小于100mm。

7）扣件螺栓的拧紧力矩不应小于40N·m，且不应大于65N·m。

8）支架立杆搭设的垂直偏差不宜大于1/200。

注：本内容参照《混凝土结构工程施工规范》GB 50666—2011第4.4.7条的规定。

（4）采用扣件式钢管做高大模板支架时，支架搭设除应符合前一条的规定外，还应符合下列规定：

1）宜在支架立杆顶端插入可调托座，可调托座螺杆外径不应小于36mm，螺杆插入钢管的长度不应小于150mm，螺杆伸出钢管的长度不应大于300mm，可调托座伸出顶层水平杆的悬臂长度不应大于500mm。

2）立杆纵距、横距不应大于1.2m，支架步距不应大于1.8m。

3）立杆顶层步距内采用搭接时，搭接长度不应小于1m，且不应少于3个扣件连接。

4）立杆纵向和横向应设置扫地杆，纵向扫地杆距立杆底部不宜大于200mm。

5）宜设置中部纵向或横向的竖向剪刀撑，剪刀撑的间距不宜大于5m。沿支架高度方向搭设的水平剪刀撑的间距不宜大于6m。

6）立杆搭设垂直偏差不宜大于1/200，且不宜大于100mm。应根据周边结构的情况，采取有效的连接措施加强支架整体稳固性。

注：本内容参照《混凝土结构工程施工规范》GB 50666—2011第4.4.8条的规定。

（5）采用碗扣式、盘扣式或盘销式钢管架做模板支架时，支架搭设应符合下列规定：

1）碗扣架、盘扣架或盘销架水平杆与立柱的扣接应牢靠，不应滑脱。

2）立杆上的上下层水平杆间距不应大于1.8m。

3）插入立杆顶端可调托座伸出顶层水平杆的悬臂长度不应大于650mm，螺杆插入钢管的长度不应小于150mm，其直径应满足与钢管内径间隙不大于6mm的要求。架体最顶层的水平杆步距应比标准步距缩小一个节点间距。

4）立柱间应设置专用斜杆或扣件钢管斜杆加强模板支架。

注：本内容参照《混凝土结构工程施工规范》GB 50666—2011第4.4.9条的规定。

2.3.2 模板与土层的连接

1. 质量目标

支架竖杆或竖向模板安装在土层上时，应符合规范规定。

检验方法：观察，检查土层密实度检测报告、土层承载力验算或现场检测报告。

注：本内容参照《混凝土结构工程施工质量验收规范》GB 50204—2015 第 4.2.4 条的规定。

2. 质量保障措施

支架立柱和竖向模板安装在土层上时，应符合下列规定：

（1）应设置具有足够强度和支撑面积的垫板。

（2）土层应坚实，并应有排水措施。对湿陷性黄土、膨胀土，应有防水措施；对冻胀性土，应有防冻胀措施。

（3）对软土地基，必要时可采用堆载预压的方法调整模板面板安装高度。

注：本内容参照《混凝土结构工程施工规范》GB 50666—2011 第 4.4.4 条的规定。

2.4 竹木模板面要求细则

📋《质量安全手册》第 3.3.4 条：

竹木模板面不得翘曲、变形、破损。

1. 质量目标

模板材料的技术指标符合规范要求，进场时抽样检验模板的外观。

注：本内容参照《混凝土结构工程施工质量验收规范》GB 50204—2015 第 4.2.1 条的规定。

2. 质量保障措施

（1）模板、支架杆件和连接件进场时，应进行检查，检查模板表面是否平整。

（2）胶合模板板材表面应平整光滑，具有防水、耐磨、耐酸碱的保护膜，并应有保温性能好、易脱模和可两面使用等特点。

注：本内容参照《建筑施工模板安全技术规范》JGJ 162—2008 第 3.5.1 条的规定。

（3）胶合板模板的胶合层不应脱胶翘角，支架杆件应平直，应无严重变形和锈蚀，连接件应无严重变形和锈蚀，并不应有裂纹。

注：本内容参照《混凝土结构工程施工规范》GB 50666—2011 第 4.6.1 条的规定。

2.5 框架梁支模顺序细则

📋《质量安全手册》第 3.3.5 条：

框架梁的支模顺序不得影响梁筋绑扎。

1. 质量目标

现浇混凝土结构支模应符合施工方案的规定。

注：本内容参照《混凝土结构工程施工质量验收规范》GB 50204—2015 第 4.2.8 条的规定。

2. 质量保障措施

模板安装时，应与钢筋安装配合进行，梁柱节点的模板宜在钢筋安装后安装。

注：本内容参照《混凝土结构工程施工规范》GB 50666—2011 第 4.4.14 条的规定。

2.6 楼板支撑体系细则

📋 《质量安全手册》第 3.3.6 条：

楼板支撑体系的设计应考虑各种工况的受力情况。

2.6.1 框架式支撑结构

1. 质量目标

模板及支架应根据安装、使用和拆除工况进行设计，并应满足承载力、刚度和整体稳固性要求。

注：本内容参照《混凝土结构工程施工质量验收规范》GB 50204—2015 第 4.1.2 条的规定。

2. 质量保障措施

（1）剪刀撑的布置

1）竖向剪刀撑布置应符合下列规定：

① 框架式支撑结构应在纵向、横向分别布置竖向剪刀撑（图 2-1），剪刀撑布置宜均

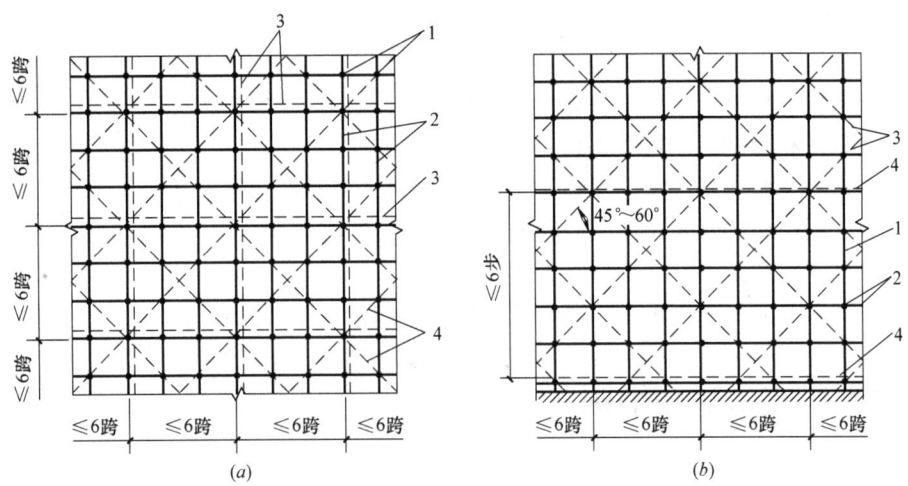

图 2-1　有剪刀撑框架式支撑结构的剪刀撑布置图

（a）平面图；（b）立面图

1—立杆；2—水平杆；3—竖向剪刀撑；4—水平剪刀撑

匀对称。竖向剪刀撑间隔不应大于 6 跨，每个剪刀撑的跨数不应超过 6 跨，剪刀撑倾斜角度宜在 45°～60°之间，支撑结构外围应设置连续封闭的剪刀撑；

② 竖向剪刀撑两个方向的斜杆宜分别设置在立杆的两侧，底端应与地面顶紧；

③ 竖向剪刀撑应采用旋转扣件固定在与之相交的立杆或水平杆上，旋转扣件中心宜靠近主节点。

2）水平剪刀撑布置应符合下列规定：

① 水平剪刀撑间隔层数不应大于 6 步；

② 顶层应设置水平剪刀撑；

③ 扫地杆层宜设置水平剪刀撑；

④ 水平剪刀撑应采用旋转扣件固定在与之相交的立杆或水平杆上。

3）剪刀撑接长时应采用搭接，搭接长度不应小于 800mm 并应等距离设置不少于 2 个旋转扣件，且两端扣件应在离杆端不小于 100mm 处固定。

4）当同时满足下列规定时，可采用无剪刀撑框架式支撑结构：

① 搭设高度在 5m 以下；

② 被支撑结构自重的荷载标准值小于 5kPa；

③ 支撑结构支撑于坚实均匀的地基土或结构层上；

④ 支撑结构与既有结构有可靠连接。

注：本内容参照《建筑施工临时支撑结构技术规范》JGJ 300—2013 第 5.2.1～5.2.4 条的规定。

（2）水平杆与立杆的连接

1）纵横水平杆均应与立杆连接，其连接点间距不应大于 150mm。

2）当承受荷载较大，立杆需加密时，加密区的水平杆应向非加密区延伸至少 2 跨（图 2-2）。

3）支撑结构非加密区立杆、水平杆间距应与加密区间距互为倍数（图 2-3）。

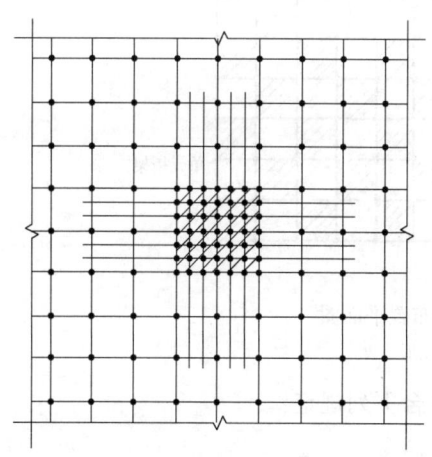

图 2-2 支撑结构加密区立杆布置平面图

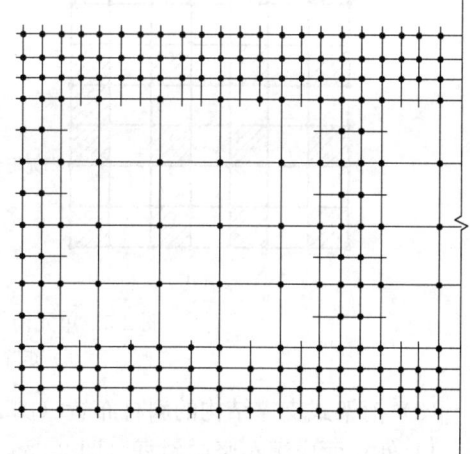

图 2-3 支撑结构不同立杆间距布置平面图

注：本内容参照《建筑施工临时支撑结构技术规范》JGJ 300—2013 第 5.2.5～5.2.7 条的规定。

2.6.2 桁架式支撑结构

1. 质量目标

模板及支架应根据安装、使用和拆除工况进行设计，并应满足承载力、刚度和整体稳固性要求。

注：本内容参照《混凝土结构工程施工质量验收规范》GB 50204—2015 第 4.1.2 条的规定。

2. 质量保障措施

(1) 单元桁架的竖向斜杆布置可采用对称式和螺旋式（图 2-4），且应在单元桁架各面满布。水平斜杆宜间隔 2~3 步布置一道，底层及顶层应布置水平斜杆。

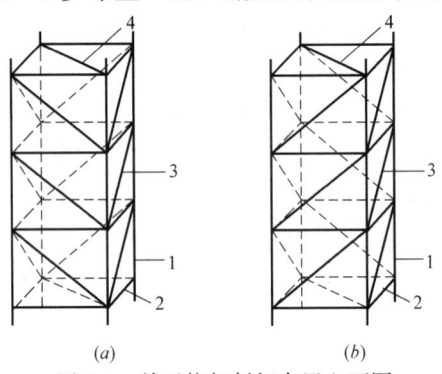

图 2-4 单元桁架斜杆布置立面图

（a）对称式；（b）螺旋式

1—立杆；2—水平杆；3—竖向斜杆；4—水平斜杆

(2) 桁架式支撑结构的单元桁架组合方式可采用矩阵形或梅花形（图 2-5），单元桁架之间的每个节点应通过水平杆连接。

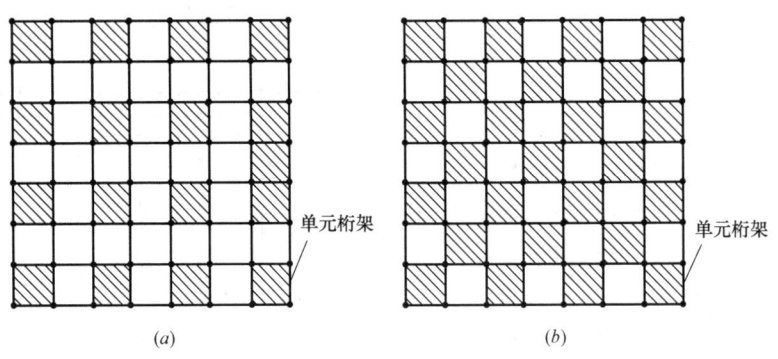

图 2-5 单元桁架组合方式布置平面图

（a）矩阵形；（b）梅花形

(3) 桁架式支撑结构的斜杆布置（图 2-6）应符合下列规定：

1) 外立面应满布竖向斜杆（图 2-6a）；

2) 支撑结构周边应布置封闭的水平斜杆（图 2-6b），其间隔不应超过 6 步；

3) 顶层应满布水平斜杆；

4) 扫地杆层宜满布水平斜杆。

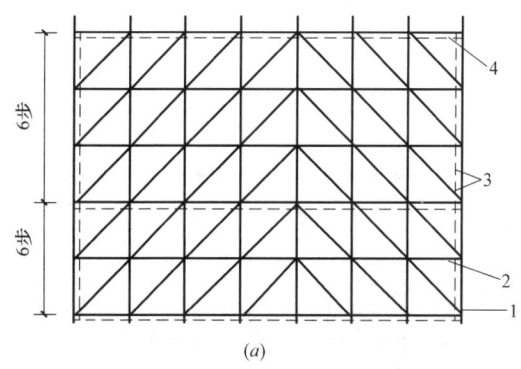 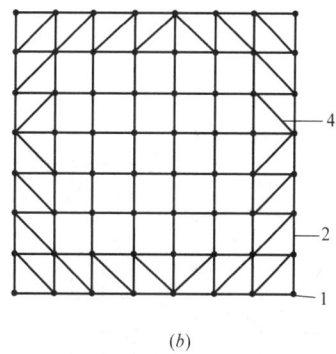

(a) (b)

图 2-6 桁架式支撑结构斜杆布置图

(a) 外立面图；(b) 平面图

1—立杆；2—水平杆；3—竖向斜杆；4—水平斜杆

（4）承插式支撑结构顶层和扫地杆层的步距宜比标准步距缩小一个盘扣间距。

注：本内容参照《建筑施工临时支撑结构技术规范》JGJ 300—2013 第 5.3.1～5.3.4 条的规定。

2.6.3 悬挑支撑结构

1. 质量目标

模板及支架应根据安装、使用和拆除工况进行设计，并应满足承载力、刚度和整体稳固性要求。

注：本内容参照《混凝土结构工程施工质量验收规范》GB 50204—2015 第 4.1.2 条的规定。

2. 质量保障措施

悬挑支撑结构应符合下列规定：

（1）悬挑支撑结构的悬挑长度不宜超过 4.8m；

（2）悬挑支撑结构的尺寸及杆件布置应符合下列规定（图 2-7）：

1）落地部分宽度（B）不应小于悬挑长度（B_t）的两倍；

2）支撑结构纵向长度（L）不应小于悬挑长度（B_t）的两倍；

3）竖向剪刀撑（或斜杆）与地面夹角宜为 $40°\sim60°$；

（3）落地部分应满足框架式或桁架式支撑结构的构造要求；

（4）平衡段除应满足框架式或桁架式支撑结构的构造要求外，还应增设剪刀撑或斜杆，使沿悬挑方向的每排杆件形成桁架（图 2-8）。平衡段的顶层与底层应设置水平剪刀撑或满布水平斜杆；

（5）悬挑部分沿悬挑方向的每排杆件应形成桁架。悬挑部分顶层及悬挑斜面应设置剪刀撑或满布斜杆；

（6）悬挑部分的竖向斜杆倾角宜为 $40°\sim60°$；

（7）悬挑部分不宜使用扣件传力；

（8）使用前宜进行载荷试验。

注：本内容参照《建筑施工临时支撑结构技术规范》JGJ 300—2013 第 6.1.4 条的规定。

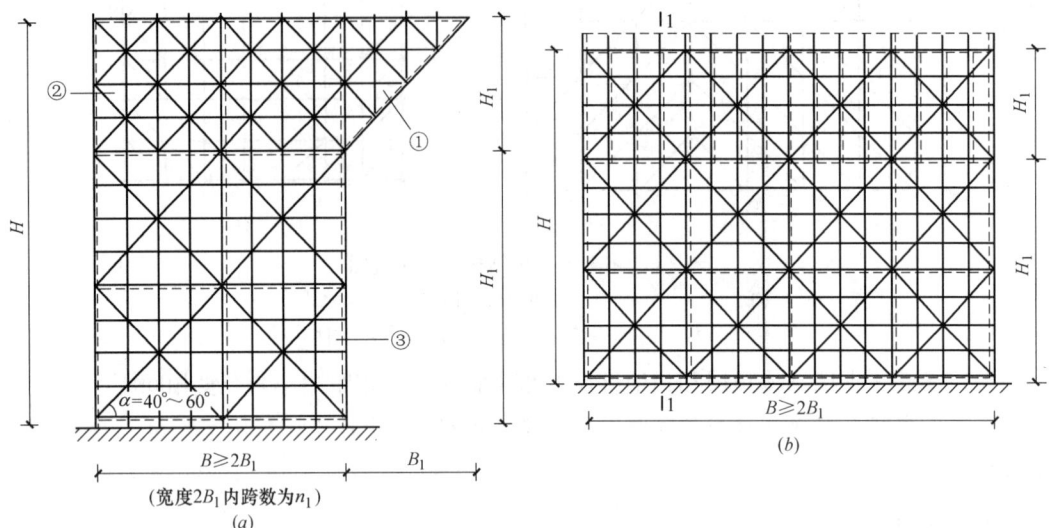

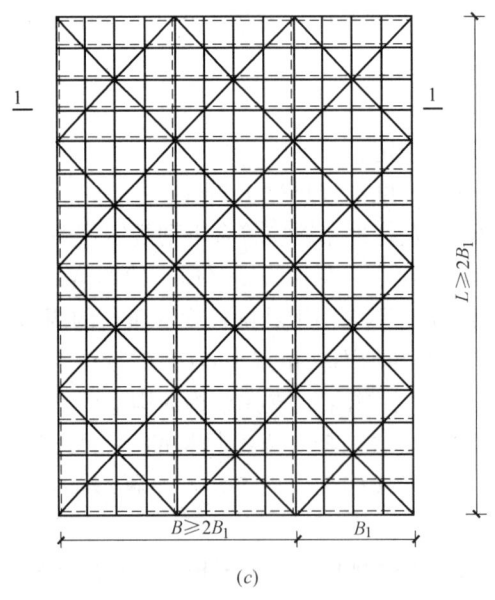

图 2-7　悬挑支撑结构示意图

①—悬挑部分；②—平衡段；③—落地部分

（a）侧立面图；（b）正立面图；（c）平面图

注：虚线表示垂直于图面的剪刀撑或斜杆。

2.6.4 跨空支撑结构

1. 质量目标

模板及支架应根据安装、使用和拆除工况进行设计，并应满足承载力、刚度和整体稳固性要求。

注：本内容参照《混凝土结构工程施工质量验收规范》GB 50204—2015 第 4.1.2 条的规定。

2. 质量保障措施

跨空支撑结构应符合下列规定：

（1）跨空支撑结构的跨空跨度不宜超过 9.6m；

（2）跨空支撑结构的尺寸及杆件布置应符合下列规定（图 2-9）：

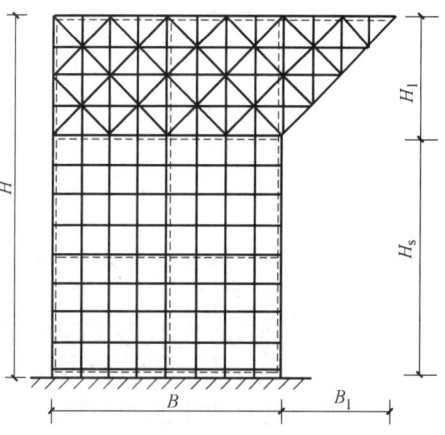

图 2-8 悬挑支撑结构剖面图（1-1）

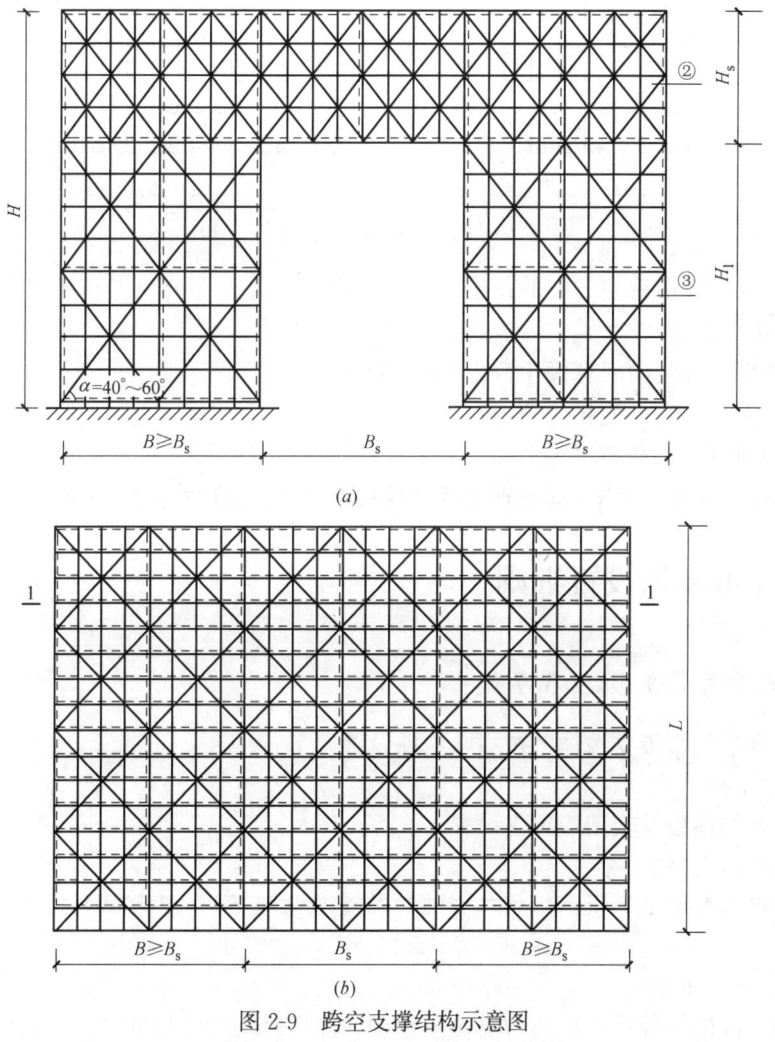

(a)

(b)

图 2-9 跨空支撑结构示意图

①—跨空部分；②—平衡段；③—落地部分

（a）立面图；（b）平面图

注：虚线表示垂直于图面的剪刀撑或斜杆

1）落地部分宽度（B）不应小于跨空跨度（a）；

2）竖向剪刀撑（或斜杆）与地面夹角宜为 40°～60°；

3）落地部分应满足框架式或桁架式支撑结构的构造要求；

4）平衡段除应满足框架式或桁架式支撑结构的构造要求外，还应增设剪刀撑或斜杆，使沿跨空方向的每排杆件形成桁架（图 2-10）。平衡段的顶层与底层应设置水平剪刀撑或满布水平斜杆；

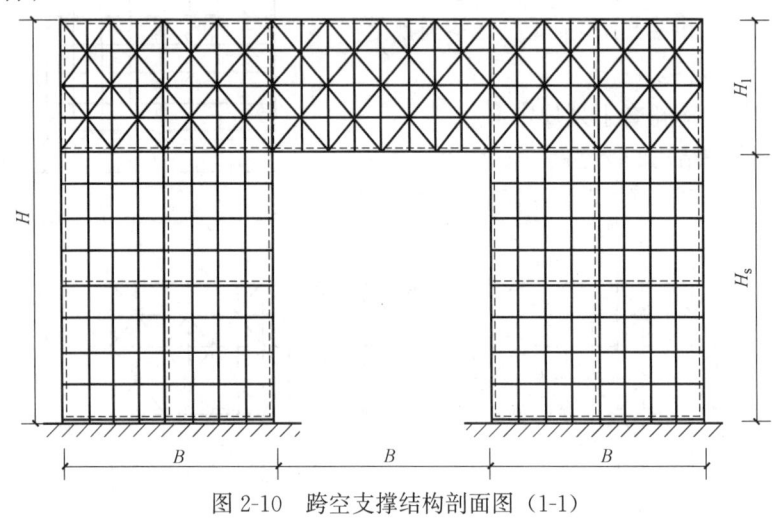

图 2-10　跨空支撑结构剖面图（1-1）

5）跨空部分应沿跨空方向的每排杆件形成桁架。跨空部分顶层与底层应设置水平剪刀撑或满布水平斜杆；

6）悬挑部分的竖向斜杆倾角宜为 40°～60°；

7）跨空部分不宜使用扣件传力；

8）使用前宜进行载荷试验。

注：本内容参照《建筑施工临时支撑结构技术规范》JGJ 300—2013 第 6.2.3 条的规定。

2.7　后浇带模板设置细则

📋 **《质量安全手册》第 3.3.7 条：**

楼板后浇带的模板支撑体系按规定单独设置。

1. 质量目标

后浇带处的模板及支架应独立设置。

检验方法：观察。

注：本内容参照《混凝土结构工程施工质量验收规范》GB 50204—2015 第 4.2.3 条的规定。

2. 质量保障措施

后浇带部位的模板及支架通常需保留到设计允许封闭后浇带的时间。该部分模板及支架应独立设置，便于两侧的模板及支架及时拆除，加快模板及支架的周转使用。

注：本内容参照《混凝土结构工程施工规范》GB 50666—2011 第 4.4.16 条的规定。

2.8　严禁在混凝土中加水细则

📋 **《质量安全手册》第 3.3.8 条：**

严禁在混凝土中加水。

1. 质量目标

混凝土拌合物在运输和浇筑成型过程中严禁加水。

注：本内容参照《混凝土质量控制标准》GB 50164—2011 第 6.1.2 条的规定。

2. 质量保障措施

混凝土运输、输送、浇筑过程中严禁加水。

注：本内容参照《混凝土结构工程施工规范》GB 50666—2011 第 8.1.3 条的规定。

采用混凝土搅拌运输车运输混凝土，当因道路堵塞或其他意外情况造成坍落度损失过大，不能满足施工要求时，可在运输车罐内加入适量的与原配合比相同成分的减水剂。根据工程实践检验，当减水剂的加入量受控时，对混凝土的其他性能无明显影响。在对特殊情况下发生的坍落度损失过大采取适宜的处理措施时，杜绝向混凝土内加水的违规行为，要求采取该种做法时，应事先批准、做出记录，减水剂加入量应经试验确定并加以控制，加入后应搅拌均匀，并应达到要求的工作性能后再泵送或浇筑。规范要求：当需要在卸料前掺入外加剂时，外加剂掺入后搅拌运输车应快速进行搅拌，搅拌的时间应由试验确定。

注：本内容参照《混凝土结构工程施工规范》GB 50666—2011 第 7.5.3 条的规定。

2.9　严禁使用洒落的混凝土细则

📋 **《质量安全手册》第 3.3.9 条：**

严禁将洒落的混凝土浇筑到混凝土结构中。

1. 质量目标

混凝土运输、输送、浇筑过程中洒落的混凝土严禁用于结构构件的浇筑。

注：本内容参照《混凝土结构工程施工规范》GB 50666—2011 第 8.1.3 条的规定。

2. 质量保障措施

运输、输送、浇筑过程中洒落的混凝土不能保证混凝土拌合物的工作性和质量。本条为强制性的，应严格执行。混凝土在运输和浇筑过程中，如果有洒落，应及时清理。

注：本内容参照《混凝土结构工程施工规范》GB 50666—2011 第 8.1.3 条的规定。

2.10　各部位混凝土强度细则

📋 **《质量安全手册》第 3.2.10 条：**

各部位混凝土强度符合设计和规范要求。

1. 质量目标

各部位混凝土的强度必须符合设计要求。

检验方法：检查施工记录及混凝土强度试验报告。

注：本内容参照《混凝土结构工程施工质量验收规范》GB 50204—2015 第 7.4.1 条的规定。

2. 质量保障措施

（1）混凝土的浇筑

1）柱、墙混凝土设计强度等级高于梁、板混凝土设计强度等级时，混凝土浇筑应符合下列规定：

① 柱、墙混凝土设计强度比梁、板混凝土设计强度高一个等级时，柱、墙位置梁、板高度范围内的混凝土经设计单位确认，可采用与梁、板混凝土设计强度等级相同的混凝土进行浇筑；

② 柱、墙混凝土设计强度比梁、板混凝土设计强度高两个等级及以上时，应在交界区域采取分隔措施，分隔位置应在低强度等级的构件中，且距高强度等级构件边缘不应小于 500mm；

③ 宜先浇筑强度等级高的混凝土，后浇筑强度等级低的混凝土。

2）施工缝或后浇带处浇筑混凝土，应符合下列规定：

① 结合面应为粗糙面，并应清除浮浆、松动石子、软弱混凝土层；

② 结合面处应洒水湿润，但不得有积水；

③ 施工缝处已浇筑混凝土的强度不应小于 1.2MPa；

④ 柱、墙水平施工缝水泥砂浆接浆层厚度不应大于 30mm，接浆层水泥砂浆应与混凝土浆液成分相同；

⑤ 后浇带混凝土强度等级及性能应符合设计要求。当设计无具体要求时，后浇带混凝土强度等级宜比两侧混凝土提高一级，并宜采取减少收缩的技术措施。

3）超长结构混凝土浇筑应符合下列规定：

① 可留设施工缝分仓浇筑，分仓浇筑间隔时间不应少于 7d；

② 当留设后浇带时，后浇带封闭时间不得少于 14d；

③ 超长整体基础中调节沉降的后浇带，混凝土封闭时间应通过监测确定，应在差异沉降稳定后封闭后浇带；

④ 后浇带的封闭时间尚应经设计单位确认。

4）型钢混凝土结构浇筑应符合下列规定：

① 混凝土粗骨料最大粒径不应大于型钢外侧混凝土保护层厚度的 1/3，且不宜大于 25mm；

② 浇筑应有足够的下料空间，并应使混凝土充盈整个构件各部位；

③ 型钢周边混凝土浇筑宜同步上升，混凝土浇筑高差不应大于 500mm。

5）钢管混凝土结构浇筑应符合下列规定：

① 宜采用自密实混凝土浇筑；

② 混凝土应采取减少收缩的技术措施；

③ 钢管截面较小时，应在钢管壁适当位置留有足够的排气孔，排气孔孔径不应

小于 20mm，浇筑混凝土应加强排气孔观察，并应确认浆体流出和浇筑密实后再封堵排气孔；

④ 当采用粗骨料粒径不大于 25mm 的高流态混凝土或粗骨料粒径不大于 20mm 的自密实混凝土时，混凝土最大倾落高度不宜大于 9m，倾落高度大于 9m 时，宜采用串筒、溜槽、溜管等辅助装置进行浇筑；

⑤ 混凝土从管顶向下浇筑时应符合下列规定：

a. 浇筑应有足够的下料空间，并应使混凝土充盈整个钢管；

b. 输送管端内径或斗容器下料口内径应小于钢管内径，且每边应留有不小于 100mm 的间隙；

c. 应控制浇筑速度和单次下料量，并应分层浇筑至设计标高；

d. 混凝土浇筑完毕后应对管口进行临时封闭。

⑥ 混凝土从管底顶升浇筑时应符合下列规定：

a. 应在钢管底部设置进料输送管，进料输送管应设止流阀门，止流阀门可在顶升浇筑的混凝土达到终凝后拆除；

b. 应合理选择混凝土顶升浇筑设备，应配备上下方通信联络工具，并应采取可有效控制混凝土顶升或停止的措施；

c. 应控制混凝土顶升速度，并均衡浇筑至设计标高。

6）自密实混凝土浇筑应符合下列规定：

① 应根据结构部位、结构形状、结构配筋等确定合适的浇筑方案；

② 自密实混凝土粗骨料最大粒径不宜大于 20mm；

③ 浇筑应能使混凝土充填到钢筋、预埋件、预埋钢构件周边及模板内各部位；

④ 自密实混凝土浇筑布料点应结合拌合物特性选择适宜的间距，必要时可通过试验确定混凝土布料点下料间距。

7）清水混凝土结构浇筑应符合下列规定：

① 应根据结构特点进行构件分区，同一构件分区应采用同批混凝土，并应连续浇筑；

② 同层或同区内混凝土构件所用材料牌号、品种、规格应一致，并应保证结构外观色泽符合要求；

③ 竖向构件浇筑时应严格控制分层浇筑的间歇时间。

8）基础大体积混凝土结构浇筑应符合下列规定：

① 采用多条输送泵管浇筑时，输送泵管间距不宜大于 10m，并宜由远及近浇筑；

② 采用汽车布料杆输送浇筑时，应根据布料杆工作半径确定布料点数量，各布料点浇筑速度应保持均衡；

③ 宜先浇筑深坑部分，再浇筑大面积基础部分；

④ 宜采用斜面分层浇筑方法，也可采用全面分层、分块分层浇筑方法，层与层之间混凝土浇筑的间歇时间应能保证混凝土浇筑连续进行；

⑤ 混凝土分层浇筑应采用自然流淌形成斜坡，并应沿高度均匀上升，分层厚度不宜大于 500mm。

9）预应力结构混凝土浇筑应符合下列规定：

① 应避免成孔管道破损、移位或连接处脱落，并应避免预应力筋、锚具及锚垫板等

移位；

② 预应力锚固区等配筋密集部位应采取保证混凝土浇筑密实的措施；

③ 先张法预应力混凝土构件，应在张拉后及时浇筑混凝土。

注：本内容参照《混凝土结构工程施工规范》GB 50666—2011 第 8.3.8～8.3.17 条的规定。

（2）混凝土的振捣

1）振动棒振捣混凝土应符合下列规定：

① 应按分层浇筑厚度分别进行振捣，振动棒的前端应插入前一层混凝土中，插入深度不应小于 50mm；

② 振动棒应垂直于混凝土表面并快插慢拔均匀振捣。当混凝土表面无明显塌陷、有水泥浆出现、不再冒气泡时，应结束该部位振捣；

③ 振动棒与模板的距离不应大于振动棒作用半径的 50%，振捣插点间距不应大于振动棒作用半径的 1.4 倍。

2）平板振动器振捣混凝土应符合下列规定：

① 平板振动器振捣应覆盖振捣平面边角；

② 平板振动器移动间距应覆盖已振实部分混凝土边缘；

③ 振捣倾斜表面时，应由低处向高处进行振捣。

3）附着振动器振捣混凝土应符合下列规定：

① 附着振动器应与模板紧密连接，设置间距应通过试验确定；

② 附着振动器应根据混凝土浇筑高度和浇筑速度，依次从下往上振捣；

③ 模板上同时使用多台附着振动器时，应使各振动器的频率一致，并应交错设置在相对面的模板上。

4）混凝土分层振捣的最大厚度应符合表 2-1 的规定。

5）特殊部位的混凝土应采取下列加强振捣措施：

① 宽度大于 0.3m 的预留洞底部区域，应在洞口两侧进行振捣，并应适当延长振捣时间；宽度大于 0.8m 的洞口底部，应采取特殊的技术措施；

混凝土分层振捣的最大厚度　　　　　　　　　　　　　　表 2-1

振捣方法	混凝土分层振捣最大厚度
振动棒	振动棒作用部分长度的 1.25 倍
平板振动器	200mm
附着振动器	根据设置方式，通过试验确定

② 后浇带及施工缝边角处应加密振捣点，并应适当延长振捣时间；

③ 钢筋密集区域或型钢与钢筋结合区域，应选择小型振动棒辅助振捣、加密振捣点，并应适当延长振捣时间；

④ 基础大体积混凝土浇筑流淌形成的坡脚，不得漏振。

注：本内容参照《混凝土结构工程施工规范》GB 50666—2011 第 8.4.3～8.4.7 条的规定。

（3）混凝土强度检测

1）结构实体混凝土强度应按不同强度等级分别检验，检验方法宜采用同条件养护试件方法。当未取得同条件养护试件强度或同条件养护试件强度不符合要求时。可采用回弹-取芯法进行检验。

注：本内容参照《混凝土结构工程施工质量验收规范》GB 50204—2015 第 10.1.1 条的规定。

2）用于检验混凝土强度的试件应在浇筑地点随机抽取。检查数量：对同一配合比混凝土，取样与试件留置应符合下列规定：

① 每拌制 100 盘且不超过 100m³ 时，取样不得少于一次；

② 每工作班拌制不足 100 盘时，取样不得少于一次；

③ 连续浇筑超过 1000m³ 时，每 200m³ 取样不得少于一次；

④ 每一楼层取样不得少于一次；

⑤ 每次取样应至少留置一组试件。

注：本内容参照《混凝土结构工程施工质量验收规范》GB 50204—2015 第 7.4.1 条的规定。

2.11 墙和板、梁和柱连接部位的混凝土强度细则

《质量安全手册》第 3.3.11 条：

墙和板、梁和柱连接部位的混凝土强度符合设计和规范要求。

1. 质量目标

装配式结构采用现浇混凝土连接构件时，构件连接处后浇混凝土的强度应符合设计要求。

检验方法：检查混凝土强度试验报告。

注：本内容参照《混凝土结构工程施工质量验收规范》GB 50204—2015 第 9.3.6 条的规定。

2. 质量保障措施

（1）梁、板应同时浇筑，浇筑方法应由一端开始用"赶浆压茬法"，即先浇筑梁，根据梁高分层浇筑成阶梯形，当达到板底位置时再与板混凝土一起浇筑，向前推进。大截面梁也可单独浇筑，施工缝可留置在板底面以下 20～30mm 处。

（2）当梁、板、柱节点处的混凝土强度等级有差异时，应先浇筑高强度的混凝土，后浇筑低强度的混凝土。浇筑时应采取分隔措施，先浇筑柱子混凝土，梁、板混凝土应在柱子混凝土初凝前浇筑，保证各部位混凝土强度等级符合设计要求。梁、柱节点钢筋较密，可采用小直径振捣棒振捣。

（3）在浇筑与柱、墙连成整体的梁和板时，应在柱和墙浇筑完毕后停歇 1～1.5h，使混凝土获得初步沉实后，再继续浇筑梁、板混凝土。

注：本内容参照《混凝土结构工程施工工艺标准》DBJ-T61-31—2005 第 18.5.2.3 条的规定。

2.12　混凝土构件外观质量细则

📋 《质量安全手册》第 3.3.12 条：

混凝土构件的外观质量符合设计和规范要求。

2.12.1　现浇混凝土结构

1. 质量目标

（1）现浇结构的外观质量不应有严重缺陷。

检验方法：观察，检查处理记录。

注：本内容参照《混凝土结构工程施工质量验收规范》GB 50204—2015 第 8.2.1 条的规定。

（2）现浇结构的外观质量不应有一般缺陷。

检验方法：观察，检查处理记录。

注：本内容参照《混凝土结构工程施工质量验收规范》GB 50204—2015 第 8.2.2 条的规定。

2. 质量保障措施

（1）缺陷的处理要求

对已经出现的严重缺陷，应由施工单位提出技术处理方案，并经监理单位认可后进行处理。对裂缝或连接部位的严重缺陷及其他影响结构安全的严重缺陷，技术处理方案尚应经设计单位认可。对经处理的部位应重新验收。

对已经出现的一般缺陷，应由施工单位按技术处理方案进行处理。对经处理的部位应重新验收。

注：本内容参照《混凝土结构工程施工质量验收规范》GB 50204—2015 第 8.2.1、8.2.2 条的规定。

（2）大体积混凝土裂缝控制

1）大体积混凝土宜采用后期强度作为配合比设计、强度评定及验收的依据。基础混凝土，确定混凝土强度时的龄期可取为 60d（56d）或 90d；柱、墙混凝土强度等级不低于C80 的，确定混凝土强度时的龄期可取为 60d（56d）。确定混凝土强度时采用大于 28d 龄期的，龄期应经设计单位确认。

2）大体积混凝土裂缝控制与边界条件、环境条件、原材料、配合比、混凝土过程控制和养护等因素密切相关。在采用中低水化热水泥的基础上，通过掺加粉煤灰、矿渣粉和高性能外加剂都可以减少水泥用量，可对裂缝控制起到良好作用。

3）大体积混凝土施工时，应对混凝土进行温度控制，温度可以通过现场测温获得，并应符合下列规定：

① 混凝土入模温度不宜大于 30℃，必要时可采取技术措施降低原材料的温度；混凝土浇筑体最大温升值不宜大于 50℃，减少混凝土内部最大温升主要从配合比上进行控制。

② 在覆盖养护或带模养护阶段，混凝土浇筑体表面以内 40～100mm 位置处的温度与

混凝土浇筑体表面温度差值不应大于 25℃，当有大于 25℃趋势时，应增加保温覆盖层或在模板外侧加挂保温覆盖层。结束覆盖养护或拆模后，混凝土浇筑体表面以内 40～100mm 位置处的温度与环境温度差值不应大于 25℃，当有大于 25℃的趋势时，应重新覆盖或增加外保温措施。

③ 混凝土浇筑体内部相邻两个测温点的温度差值不应大于 25℃。

④ 混凝土降温速率可通过现场测温数据经计算获得，不宜大于 2.0℃/d，当有可靠经验时，降温速率要求可适当放宽。

4) 基础大体积混凝土测温点设置应符合下列规定：

① 宜选择具有代表性的两个交叉竖向剖面进行测温，竖向剖面交叉位置宜通过基础中部区域。

② 每个竖向剖面的周边及以内部位应设置测温点，两个竖向剖面交叉处应设置测温点。混凝土浇筑体表面测温点应设置在保温覆盖层底部或模板内侧表面，并应与两个剖面上的周边测温点位置及数量对应，环境测温点不应少于 2 处。

③ 每个剖面的周边测温点应设置在混凝土浇筑体表面以内 40～100mm 位置处，每个剖面的测温点宜竖向、横向对齐，每个剖面竖向设置的测温点不应少于 3 处，间距不应小于 0.4m 且不宜大于 1.0m；每个剖面横向设置的测温点不应少于 4 处，间距不应小于 0.4m 且不应大于 10m。

④ 对基础厚度不大于 1.6m，裂缝控制技术措施完善的工程，可不进行测温。

5) 柱、墙、梁大体积混凝土测温点设置应符合下列规定：

① 柱、墙、梁结构实体最小尺寸大于 2m，且混凝土强度等级不低于 C60 时，应进行测温；

② 宜选择沿构件纵向的两个横向剖面进行测温，每个横向剖面的周边及中部区域应设置测温点。混凝土浇筑体表面测温点应设置在模板内侧表面，并应与两个剖面上的周边测温点位置及数量对应，环境测温点不应少于 1 处；

③ 每个横向剖面的周边测温点应设置在混凝土浇筑体表面以内 40～100mm 位置处，每个横向剖面的测温点宜对齐，每个剖面的测温点不应少于 2 处，间距不应小于 0.4m 且不宜大于 1.0m；

④ 可根据第一次测温结果，完善温差控制技术措施，后续施工可不进行测温。

6) 大体积混凝土测温应符合下列规定：

① 宜根据每个测温点被混凝土初次覆盖时的温度确定各测点部位混凝土的入模温度；

② 浇筑体周边表面以内测温点、浇筑体表面测温点、环境测温点的测温，应与混凝土浇筑、养护过程同步进行；

③ 应按测温频率要求及时提供测温报告，测温报告应包含各测温点的温度数据、温差数据、代表点位的温度变化曲线、温度变化趋势分析等内容；

④ 混凝土浇筑体表面以内 40～100mm 位置的温度与环境温度的差值小于 20℃时，可停止测温。

7) 大体积混凝土测温频率应符合下列规定：

① 第一天至第四天，每 4h 不应少于一次；

② 第五天至第七天，每 8h 不应少于一次；

③ 第七天至测温结束，每12h不应少于一次。

注：本内容参照《混凝土结构工程施工规范》GB 50666—2011 第 8.7.1～8.7.7 条的规定。

（3）混凝土缺陷修整

1）混凝土结构缺陷可分为尺寸偏差缺陷和外观缺陷。尺寸偏差缺陷和外观缺陷可分为一般缺陷和严重缺陷。混凝土结构尺寸偏差超出规范规定，但尺寸偏差对结构性能和使用功能未构成影响时，应属于一般缺陷；尺寸偏差对结构性能和使用功能构成影响时，应属于严重缺陷。外观缺陷分类应符合表 2-2 的规定。

混凝土结构外观缺陷分类 表 2-2

名称	现　象	严重缺陷	一般缺陷
露筋	构件内钢筋未被混凝土包裹而外露	纵向受力钢筋有露筋	其他钢筋有少量露筋
蜂窝	混凝土表面缺少水泥砂浆而形成石子外露	构件主要受力部位有蜂窝	其他部位有少量蜂窝
孔洞	混凝土中孔穴深度和长度均超过保护层厚度	构件主要受力部位有孔洞	其他部位有少量孔洞
夹渣	混凝土中夹有杂物且深度超过保护层厚度	构件主要受力部位有夹渣	其他部位有少量夹渣
疏松	混凝土中局部不密实	构件主要受力部位有疏松	其他部位有少量疏松
裂缝	缝隙从混凝土表面延伸至混凝土内部	构件主要受力部位有影响结构性能或使用功能的裂缝	其他部位有少量不影响结构性能或使用功能的裂缝
连接部位缺陷	构件连接处混凝土有缺陷及连接钢筋、连接件松动	连接部位有影响结构传力性能的缺陷	连接部位有基本不影响结构传力性能的缺陷
外形缺陷	缺棱掉角、棱角不直、翘曲不平、飞边凸肋等	清水混凝土构件有影响使用功能或装饰效果的外形缺陷	其他混凝土构件有不影响使用功能的外形缺陷
外表缺陷	构件表面麻面、掉皮、起砂、沾污等	具有重要装饰效果的清水混凝土构件有外表缺陷	其他混凝土构件有不影响使用功能的外表缺陷

2）施工过程中发现混凝土结构缺陷时，应认真分析缺陷产生的原因。对严重缺陷，施工单位应制定专项修整方案，方案应报设计单位和监理单位，经论证审批后再实施，不得擅自处理。混凝土结构缺陷信息、缺陷修整方案的相关资料应及时归档，做到可追溯。

3）混凝土结构外观一般缺陷修整应符合下列规定：

① 露筋、蜂窝、孔洞、夹渣、疏松、外表缺陷，应凿除胶结不牢固部分的混凝土并清理表面，洒水湿润后应用 1：2～1：2.5 水泥砂浆抹平；

② 应封闭裂缝；

③ 连接部位缺陷（指连接有错位）、外形缺陷可与面层装饰施工一并处理。

4）混凝土结构外观严重缺陷修整方案应按有关规定审批后方可实施，且修整应符合下列规定：

① 露筋、蜂窝、孔洞、夹渣、疏松、外表缺陷，应凿除胶结不牢固部分的混凝土至密实部位，清理表面，支设模板，洒水湿润，涂抹混凝土界面剂，应采用比原混凝土强度等级高一级的细石混凝土浇筑密实，养护时间不应少于 7d；

② 开裂缺陷修整应符合下列规定：

a. 民用建筑的地下室、卫生间、屋面等接触水介质的构件，均应注浆封闭处理。民用建筑不接触水介质的构件，可采用注浆封闭、聚合物砂浆粉刷或其他表面封闭材料进行封闭。

b. 无腐蚀介质工业建筑的地下室、屋面、卫生间等接触水介质的构件，以及有腐蚀介质的所有构件，均应注浆封闭处理。无腐蚀介质工业建筑不接触水介质的构件，可采用注浆封闭、聚合物砂浆粉刷或其他表面封闭材料进行封闭；

③清水混凝土的外形和外表严重缺陷，宜在水泥砂浆或细石混凝土修补后用磨光机械磨平。

5) 混凝土结构尺寸偏差一般缺陷，不影响结构安全以及正常使用时，可结合装饰工程进行修整。

6) 混凝土结构尺寸偏差严重缺陷，应会同设计单位共同制定专项修整方案，结构修整后应重新检查验收。

注：本内容参照《混凝土结构工程施工规范》GB 50666—2011 第 8.9.1～8.9.6 条的规定。

2.12.2 预制混凝土构件

1. 质量目标

预制构件的外观质量不应有严重缺陷和一般缺陷，且不应有影响结构性能和安装、使用功能的尺寸偏差。

检验方法：观察，尺量，检查处理记录。

注：本内容参照《混凝土结构工程施工质量验收规范》GB 50204—2015 第 9.2.3、9.2.6 条的规定。

2. 质量保障措施

(1) 构件制作前的准备

1) 制作预制构件的场地应平整、坚实，并应采取排水措施。当采用台座生产预制构件时，台座表面应光滑平整，2m 长度内表面平整度不应大于 2mm，在气温变化较大的地区宜设置伸缩缝。

2) 模具应具有足够的强度、刚度和整体稳定性，并应能满足预制构件预留孔、插筋、预埋吊件及其他预埋件的定位要求。

3) 模具设计应满足预制构件质量、生产工艺、模具组装与拆卸、周转次数等要求。跨度较大的预制构件的模具应根据设计要求预设反拱。

注：本内容参照《混凝土结构工程施工规范》GB 50666—2011 第 9.3.1～9.3.3 条的规定。

(2) 构件的制作要求

1) 当采用平卧重叠法制作预制构件时，应在下层构件的混凝土强度达到 5.0MPa 后，再浇筑上层构件混凝土，上下层构件之间应采取隔离措施。

2) 预制构件可根据需要选择洒水、覆盖、喷涂养护剂养护，或采用蒸汽养护、电加热养护。采用蒸汽养护时，应合理控制升温、降温速度和最高温度，构件表面宜保持90％～100％的相对湿度。

3）预制构件的饰面应符合设计要求。带面砖或石材饰面的预制构件宜采用反打成型法制作，也可采用后贴工艺法制作。

4）带保温材料的预制构件宜采用水平浇筑方式成型。采用夹芯保温的预制构件，宜采用专用连接件连接内外两层混凝土，其数量和位置应符合设计要求。

注：本内容参照《混凝土结构工程施工规范》GB 50666—2011 第 9.3.4～9.3.7 条的规定。

（3）清水混凝土预制构件的制作

1）预制构件的边角宜采用倒角或圆弧角；

2）模具应满足清水混凝土表面设计精度要求；

3）应控制原材料质量和混凝土配合比，并应保证每班生产构件的养护温度均匀一致；

4）构件表面应采取针对清水混凝土的保护和防污染措施。

出现的质量缺陷应采用专用材料修补，修补后的混凝土外观质量应满足设计要求。

（4）带门窗、预埋管线预制构件的制作

1）门窗框、预埋管线应在浇筑混凝土前预先放置并固定，固定时应采取防止窗破坏及污染窗体表面的保护措施；

2）当采用铝窗框时，应采取避免铝窗框与混凝土直接接触发生电化学腐蚀的措施；

3）应采取控制温度或受力变形对门窗产生的不利影响的措施。

注：本内容参照《混凝土结构工程施工规范》GB 50666—2011 第 9.3.8、9.3.9 条的规定。

（5）混凝土构件外观质量缺陷的相关参数可根据缺陷的情况按下列方法测定：

1）用钢尺量测每个露筋的长度；

2）用钢尺量测每个孔洞的最大直径，用游标卡量测深度；

3）用钢尺或相应工具确定蜂窝和疏松的面积，必要时成孔，量测深度；

4）用钢尺或相应工具确定麻面、掉皮、起砂等面积；

5）用刻度放大镜测试裂缝的最大宽度，用钢尺量测裂缝的长度。

注：本内容参照《混凝土结构现场检测技术标准》GB/T 50784—2013 第 7.2.3 条的规定。

2.13 混凝土构件尺寸细则

📋 《质量安全手册》第 3.3.13 条：

混凝土构件的尺寸符合设计和规范要求。

2.13.1 现浇混凝土结构

1.质量目标

现浇结构不应有影响结构性能或使用功能的尺寸偏差，混凝土设备基础不应有影响结构性能或设备安装的尺寸偏差。

检验方法：量测，检查处理记录。

注：本内容参照《混凝土结构工程施工质量验收规范》GB 50204—2015 第 8.3.1 条的规定。

2. 质量保障措施

（1）对超过尺寸允许偏差且影响结构性能或安装、使用功能的部位，应由施工单位提出技术处理方案，并经监理、设计单位认可后进行处理。对经处理的部位应重新验收。

注：本内容参照《混凝土结构工程施工质量验收规范》GB 50204—2015 第 8.3.1 条的规定。

（2）现浇结构的位置和尺寸偏差及检验方法应符合表 2-3 的规定。

现浇结构位置和尺寸允许偏差及检验方法　　　　表 2-3

项　目			允许偏差（mm）	检验方法
轴线位置	整体基础		15	经纬仪及尺量
	独立基础		10	经纬仪及尺量
	柱、墙、梁		8	尺量
垂直度	层高	≤6m	10	经纬仪或吊线、尺量
		>6m	12	经纬仪或吊线、尺量
	全高（H）≤300m		$H/30000+20$	经纬仪、尺量
	全高（H）>300m		$H/10000$ 且≤80	经纬仪、尺量
标高	层高		±10	水准仪或拉线、尺量
	全高		±30	水准仪或拉线、尺量
截面尺寸	基础		+15，−10	尺量
	柱、梁、板、墙		+10，−5	尺量
	楼梯相邻踏步高差		6	尺量
电梯井	中心位置		10	尺量
	长、宽尺寸		+25，0	尺量
表面平整度			8	2m 靠尺和塞尺量测
预埋件中心位置	预埋板		10	尺量
	预埋螺栓		5	尺量
	预埋管		5	尺量
	其他		10	尺量
预留洞、孔中心线位置			15	尺量

注：1. 检查柱轴线、中心线位置时，沿纵横两个方向测量，并取其中偏差的较大值。
　　2. H 为全高，单位为 mm。

注：本内容参照《混凝土结构工程施工质量验收规范》GB 50204—2015 第 8.3.2 条的规定。

（3）现浇设备基础的位置和尺寸应符合设计和设备安装的要求。其位置和尺寸偏差及检验方法应符合表 2-4 的规定。

注：本内容参照《混凝土结构工程施工质量验收规范》GB 50204—2015 第 8.3.3 条的规定。

2.13.2 预制混凝土构件

1. 质量目标
预制构件不应有影响结构性能和安装、使用功能的尺寸偏差。

检验方法：观察，尺量，检查处理记录。

注：本内容参照《混凝土结构工程施工质量验收规范》GB 50204—2015 第 9.2.6 条的规定。

现浇设备基础位置和尺寸允许偏差及检验方法　　　　表 2-4

项　目		允许偏差（mm）	检验方法
坐标位置		20	经纬仪及尺量
不同平面标高		0，－20	水准仪或拉线、尺量
平面外形尺寸		±20	尺量
凸台上平面外形尺寸		0，－20	尺量
凹槽尺寸		＋20,0	尺量
平面水平度	每 1m	5	水平尺、塞尺量测
	全长	10	水准仪或拉线、尺量
垂直度	每 1m	5	经纬仪或吊线、尺量
	全高	10	经纬仪或吊线、尺量
预埋地脚螺栓	中心位置	2	尺量
	顶标高	＋20,0	水准仪或拉线、尺量
	中心距	±2	尺量
	垂直度	5	吊线、尺量
预埋地脚螺栓孔	中心线位置	10	尺量
	截面尺寸	＋20,0	尺量
	深度	＋20,0	尺量
	垂直度	$h/100$ 且≤10	吊线、尺量
预埋活动地脚螺栓锚板	中心线位置	5	尺量
	标高	＋20,0	水准仪或拉线、尺量
	带槽锚板平整度	5	直尺、塞尺量测
	带螺纹孔锚板平整度	2	直尺、塞尺量测

　　注：1. 检查坐标、中心线位置时，应沿纵横两个方向测量，并取其中偏差的较大值。

　　　　2. h 为预埋地脚螺栓孔孔深，单位为 mm。

　　2. 质量保障措施

　　（1）预制构件尺寸偏差及检验方法应符合表 2-5 的规定。设计有专门规定时，还应符合设计要求。施工过程中临时使用的预埋件，其中心线位置允许偏差可取表 2-5 中规定数值的 2 倍。

预制构件尺寸允许偏差及检验方法　　　　表 2-5

项目			允许偏差（mm）	检验方法
长度	楼板、梁、柱、桁架	＜12m	±5	尺量
		≥12m 且＜18m	±10	
		≥18m	±20	
	墙板		±4	
宽度、高（厚）度	楼板、梁、柱、桁架		±5	尺量一端及中部，取其中偏差绝对值较大处
	墙板		±4	
表面平整度	楼板、梁、柱、墙板内表面		5	2m 靠尺和塞尺量测
	墙板外表面		3	
侧向弯曲	楼板、梁、柱		$L/750$ 且≤20	拉线、直尺量测最大侧向弯曲处
	墙板、桁架		$L/1000$ 且≤20	

续表

项目		允许偏差（mm）	检验方法
翘曲	楼板	$L/750$	调平尺在两端量测
	墙板	$L/1000$	
对角线	楼板	10	尺量两个对角线
	墙板	5	
预留孔	中心线位置	5	尺量
	孔尺寸	±5	
预留洞	中心线位置	10	尺量
	洞口尺寸、深度	±10	
预埋件	预埋板中心线位置	5	尺量
	预埋板与混凝土面平面高差	0，−5	
	预埋螺栓	2	
	预埋螺栓外露长度	＋10，−5	
	预埋套筒、螺母中心线位置	2	
	预埋套筒、螺母与混凝土面平面高差	±5	
预留插筋	中心线位置	5	尺量
	外露长度	＋10，−5	
键槽	中心线位置	5	尺量
	长度、宽度	±5	
	深度	±10	

注：1. L 为构件长度，单位为 mm；

2. 检查中心线、螺栓和孔道位置偏差时，测纵横两个方向量测，并取其中偏差较大值。

注：本内容参照《混凝土结构工程施工质量验收规范》GB 50204—2015 第 9.2.7 条的规定。

（2）预制构件的尺寸偏差检测

1）构件的尺寸检测包括构件截面尺寸、标高、构件轴线位置、预埋件位置、构件垂直度和表面平整度。

2）当需要对单个构件的尺寸偏差做合格判定时，应以设计图纸规定的尺寸为基准，尺寸偏差的允许值应按相关标准确定。

3）检测混凝土构件尺寸时，同一个构件的同一个检测项目应选择不同部位重复测试 3 次，取其平均值作为该构件的测试结果。当最大值与最小值的差大于 10mm 时，宜对该构件测试结果做详尽说明。

4）混凝土构件截面尺寸的检测，应选取有代表性的截面进行测量：

① 当构件截面尺寸基本相同或变化均匀时，应在构件的中部和两端选取 3 个截面量取尺寸，取其平均值为检测结果。

② 当构件截面尺寸不同或变化不均匀时，应选取构件截面突变的位置以及构件最小、最大截面处量取尺寸，在检测结果中应给出构件截面变化情况，必要时可用简图描述。

5）混凝土构件标高的检测，可使用水准仪测量。测量部位可以选取构件的底面或顶面。标高的测量精度应不大于5mm。当构件的不同部位标高不同时，在检测结果中应注明构件标高的变化情况，必要时可用简图描述。

6）混凝土构件轴线尺寸的检测，可使用钢尺、激光测距仪等测量。构件轴线尺寸的测量精度应不大于5mm。当构件的不同部位轴线尺寸不同时，在检测结果中应注明构件两端轴线尺寸的变化情况，必要时可用简图描述。

7）混凝土构件中预埋件位置的检测，可使用钢尺测量。预埋件位置的测量精度应不大于2mm。当检测多个预埋件位置时，可用简图或列表描述。

8）混凝土构件垂直度的检测，当构件高度小于10m时，可使用经纬仪或线坠测量。当构件高度大于或等于10m时，应使用经纬仪测量。测量前应在构件侧面上画出竖向轴线或中线。构件垂直度偏差应以其上端对于下端的偏离尺寸表示，并同时给出相对于该偏差的高度值及垂直度偏差的倾斜方向。垂直度的测量精度应不大于2mm。当竖向构件贯穿多个楼层时，应对每层构件的垂直度偏差进行检测，在检测结果中应注明该竖向构件每层垂直度的偏差及其变化情况，必要时应给出贯穿多个楼层的竖向构件的直线度，并可用简图描述。

9）混凝土构件表面平整度的检测，可使用1m或2m长度的靠尺或水平尺与塞尺测量。在需要检测表面平整度的构件表面上移动并适当旋转靠尺或水平尺，配合塞尺得出不平整度的最大值。构件表面平整度应以注明靠尺或水平尺长度的不平整度的最大值表示。不平整度测量精度应不大于1mm。在检测结果中应注明构件不平整度的侧面和位置，必要时可用简图描述。

10）当检测结果用于结构功能性评定时，混凝土构件尺寸可按约定抽样方法进行检测。

注：本内容参照《混凝土结构现场检测技术标准》GB/T 50784—2013第8章的规定。

2.14　接茬处理细则

📋《质量安全手册》第3.3.14条：

后浇带、施工缝的接茬处应处理到位。

2.14.1　后浇带的接茬处理

1. 质量目标

后浇带的留设位置应符合设计要求，处理方法应符合施工方案要求。

注：本内容参照《混凝土结构工程施工质量验收规范》GB 50204—2015第7.4.2条的规定。

2. 质量保障措施

（1）后浇带位置留设

混凝土后浇带的留设位置应事先计划，不得在混凝土浇筑过程中随意留设。后浇带宜留设在结构受剪力较小且便于施工的位置。

注：本内容参照《混凝土结构工程施工规范》GB 50666—2011 第 8.5.2 条的规定。

（2）后浇带界面处理

后浇带留设界面，应垂直于结构构件和纵向受力钢筋，对于基础底板、墙板、梁板等厚度或高度较大的结构构件，后浇带界面宜采用专用材料封挡。专用材料可采用定制模板、快易收口板、钢板网、钢丝网等。

注：本内容参照《混凝土结构工程施工规范》GB 50666—2011 第 8.6.6 条的规定。

（3）后浇带混凝土浇筑

1）为保证新老混凝土紧密结合，结合面应为粗糙面，并应清除浮浆、松动石子、软弱混凝土层。如果施工缝或后浇带处由于搁置时间较长而受建筑废弃物污染，则首先应清理建筑废弃物，并对结构构件进行必要的整修，清除浮浆、松动石子、软弱混凝土层；

2）施工缝混凝土浇筑时，结合面处应洒水湿润，但不得有积水；

3）后浇带处的混凝土，由于部位特殊，环境较差，浇筑过程也有可能产生泌水集中，为了确保质量，可采用提高一级强度等级的混凝土进行浇筑。为了使后浇带处的混凝土与两侧的混凝土充分紧密结合，采取减少收缩的技术措施是必要的。减少收缩的技术措施包括混凝土组成材料的选择、配合比设计、浇筑方法以及养护条件等。

注：本内容参照《混凝土结构工程施工规范》GB 50666—2011 第 8.5.2 条的规定。

2.14.2 施工缝的接茬处理

1. 质量目标

施工缝的留设及处理方法应符合施工方案要求。

注：本内容参照《混凝土结构工程施工质量验收规范》GB 50204—2015 第 7.4.2 条的规定。

2. 质量保障措施

（1）施工缝的留设位置

1）混凝土施工缝的留设位置应事先计划，不得在混凝土浇筑过程中随意留设。施工缝宜留设在结构受剪力较小且便于施工的位置。对于受力较复杂的双向板、拱、弯拱、薄壳、斗仓、筒仓、蓄水池等结构构件，其施工缝留设位置应符合设计要求。对有防水抗渗要求的结构构件，施工缝位置容易产生薄弱环节，所以施工缝位置留设同样应符合设计要求。

注：本内容参照《混凝土结构工程施工规范》GB 50666—2011 第 8.6.1 条的规定。

2）对于水平施工缝，柱、墙施工缝可留设在基础、楼层结构顶面，柱施工缝与结构上表面的距离宜为 0～100mm，墙施工缝与结构上表面的距离宜为 0～300mm；柱、墙施工缝也可留设在楼层结构底面，施工缝与结构下表面的距离宜为 0～50mm，当板下有梁托时，可留设在梁托下 0～20mm；高度较大的柱、墙、梁以及厚度较大的基础，可根据施工需要在其中部留设水平施工缝。当因施工缝留设改变受力状态而需要调整构件配筋时，应经设计单位确认。特殊结构部位留设水平施工缝应经设计单位确认。

注：本内容参照《混凝土结构工程施工规范》GB 50666—2011 第 8.6.2 条的规定。

3）有主次梁的楼板施工缝应留设在次梁跨度中间 1/3 范围内；单向板施工缝应留设在与跨度方向平行的任何位置；楼梯梯段施工缝宜设置在梯段板跨度端部 1/3 范围内；墙的施工缝宜设置在门洞口过梁跨中 1/3 范围内，也可留设在纵横墙交接处。结构构件面积较大、混凝土方量较大的工程等，不便于一次浇筑或一次浇筑质量难以保证时，可考虑在相应位置设置竖向施工缝。对于超长结构设置分仓的施工缝、基础底板留设分区的施工缝、核心筒与楼板结构间留设的施工缝、巨型柱与楼板结构间留设的施工缝等情况，由于在技术上有特殊要求，在这些特殊位置留设竖向施工缝，应征得设计单位确认。

注：本内容参照《混凝土结构工程施工规范》GB 50666—2011 第 8.6.3 条的规定。

4）设备基础水平施工缝应低于地脚螺栓底端，与地脚螺栓底端的距离应大于150mm。当地脚螺栓直径小于 30mm 时，水平施工缝可留设在深度不小于地脚螺栓埋入混凝土部分总长度的 3/4 处。竖向施工缝与地脚螺栓中心线的距离不应小于 250mm，且不应小于螺栓直径的 5 倍。

注：本内容参照《混凝土结构工程施工规范》GB 50666—2011 第 8.6.4 条的规定。

5）承受动力作用的设备基础留设施工缝时，标高不同的两个水平施工缝，其高低结合处应留设成台阶形，台阶的高宽比不应大于 1.0；对于竖向施工缝或台阶形施工缝，为了使设备基础施工缝两侧混凝土成为一个可靠的整体，可在施工缝位置处加设插筋，插筋数量、位置、长度等应征得设计单位确认。

注：本内容参照《混凝土结构工程施工规范》GB 50666—2011 第 8.6.5 条的规定。

6）混凝土浇筑过程中，因暴雨、停电等特殊原因无法继续浇筑混凝土而不得不临时留设施工缝时，施工缝应尽可能规整，留设位置和留设界面应垂直于结构构件表面，当有必要时可在施工缝处留设加强钢筋。如果临时施工缝留设在构件剪力较大处、留设界面不垂直于结构构件时，应在施工缝处采取增加加强钢筋并事后修凿等技术措施，以保证结构构件的受力性能。

注：本内容参照《混凝土结构工程施工规范》GB 50666—2011 第 8.6.7 条的规定。

（2）施工缝混凝土的浇筑

1）为保证新老混凝土紧密结合，结合面应为粗糙面，并应清除浮浆、松动石子、软弱混凝土层。如果施工缝或后浇带处由于搁置时间较长而受建筑废弃物污染，则首先应清理建筑废弃物，并对结构构件进行必要的整修，清除浮浆、松动石子、软弱混凝土层；

2）施工缝混凝土浇筑时，结合面处应洒水湿润，但不得有积水；

3）施工缝处已浇筑混凝土的强度低于 1.2MPa 时，不能保证新老混凝土的紧密结合。因此，已浇筑混凝土的强度不应小于 1.2MPa；

4）柱、墙水平施工缝水泥砂浆接浆层厚度不应大于 30mm，过厚的接浆层中若没有粗骨料，将会影响混凝土的强度等级。接浆层水泥砂浆应与混凝土浆液成分相同；

5）后浇带处的混凝土，由于部位特殊，环境较差，浇筑过程也有可能产生泌水集中，为了确保质量，可采用提高一级强度等级的混凝土进行浇筑。为了使后浇带处的混凝土与两侧的混凝土充分紧密结合，采取减少收缩的技术措施是必要的。减少收缩的技术措施包括混凝土组成材料的选择、配合比设计、浇筑方法以及养护条件等。

注：本内容参照《混凝土结构工程施工规范》GB 50666—2011 第 8.5.2 条的规定。

（3）大体积混凝土施工缝的处理

1）大体积混凝土施工采取分层间歇浇筑混凝土时，水平施工缝的处理应符合下列规定：

① 在已硬化的混凝土表面，应清除表面的浮浆、松动的石子及软弱混凝土层；

② 在上层混凝土浇筑前，应用清水冲洗混凝土表面的污物，并应充分润湿，但不得有积水；

③ 新浇筑混凝土应振捣密实，并应与先期浇筑混凝土紧密结合。

2）大体积混凝土底板与侧墙相连接的施工缝，当有防水要求时，应采取钢板止水带处理措施。

注：本内容参照《大体积混凝土施工规范》GB 50496—2018 第5.4.2、5.4.3条的规定。

2.15 后浇带混凝土浇筑时间细则

📋《质量安全手册》第3.3.15条：

后浇带的混凝土按设计和规范要求的时间进行浇筑。

1. 质量目标

后浇带的混凝土浇筑时间，应事先在施工方案中确定。

注：本内容参照《混凝土结构工程施工质量验收规范》GB 50204—2015 第7.4.2条的规定。

2. 质量保障措施

（1）对于需要留设后浇带的工程，当留设后浇带时，后浇带封闭时间不得少于14d；

（2）超长整体基础中调节沉降的后浇带，混凝土封闭时间应通过监测确定，应在差异沉降稳定后封闭后浇带；

（3）后浇带的留设一般都会有相应的设计要求，所以后浇带的封闭时间还应征得设计单位确认。

注：本内容参照《混凝土结构工程施工规范》GB 50666—2011 第8.3.11条的规定。

（4）混凝土拌合物从搅拌机卸出后到浇筑完毕的延续时间不宜超过表2-6的规定。

混凝土拌合物从搅拌机卸出后到浇筑完毕的延续时间（min）　　　　表2-6

混凝土生产地点	气 温	
	≤25℃	>25℃
预拌混凝土搅拌站	150	120
施工现场	120	90
混凝土制品厂	90	60

注：本内容参照《混凝土质量控制标准》GB 50164—2011 第6.6.14条的规定。

2.16 施工现场试验室设置细则

📋《质量安全手册》第3.3.16条：

按规定设置施工现场试验室。

1. 质量目标

建筑工程施工现场应配备满足检测试验需要的试验人员、仪器设备、设施及相关标准。

注：本内容参照《建筑工程检测试验技术管理规范》JGJ 190—2010 第3.0.1条的规定。

2. 质量保障措施

（1）施工现场检测的基本要求

1）建筑工程施工现场检测试验的组织管理和实施应由施工单位负责。当建筑工程实行施工总承包时，可由总承包单位负责整体组织管理和实施，分包单位按合同确定的施工范围各负其责。

2）施工单位及其取样、送检人员必须确保提供的检测试样具有真实性和代表性。

3）承担建筑工程施工检测试验任务的检测单位应符合下列规定：

① 当行政法规、国家现行标准或合同对检测单位的资质有要求时，应遵守其规定；当没有要求时，可由施工单位的企业试验室试验，也可委托具备相应资质的检测机构检测；

② 对检测试验结果有争议时，应委托共同认可的具备相应资质的检测机构重新检测；

③ 检测单位的检测试验能力应与其所承接检测试验项目相适应。

注：本内容参照《建筑工程检测试验技术管理规范》JGJ 190—2010 第 3.0.2～3.0.5 条的规定。

（2）人员、设备、环境及设施的要求

1）现场试验人员应掌握相关标准，并经过技术培训、考核。

2）施工现场配置的仪器、设备应建立管理台账，按有关规定进行计量检定或校准，并保持状态完好。

3）施工现场试验环境及设施应满足检测试验工作的要求。

4）单位工程建筑面积超过 10000m^2 或造价超过 1000 万元人民币时，可设立现场试验站。现场试验站的基本条件应符合表 2-7 的规定。

现场试验站基本条件　　　　　　　　　　　　　表 2-7

项　　目	基　本　条　件
现场试验人员	根据工程规模和试验工作的需要配备,宜为 1 至 3 人
仪器设备	根据试验项目确定。一般应配备:天平、台(案)秤、温度计、湿度计、混凝土振动台、试模、坍落度筒、砂浆稠度仪、钢直(卷)尺、环刀、烘箱等
设施	工作间(操作间)面积不宜小于 15m^2,温、湿度应满足有关规定
	对混凝土结构工程,宜设标准养护室,不具备条件时可采用养护箱或养护池。温、湿度应符合有关规定

注：本内容参照《建筑工程检测试验技术管理规范》JGJ 190—2010 第 5.2 条的规定。

2.17　混凝土试件标识细则

📋 《质量安全手册》第 3.3.17 条：

混凝土试件应及时进行标识。

1. 质量目标

试件均应及时进行唯一性标识。

注：本内容参照《混凝土结构工程施工质量验收规范》GB 50204—2015 第 3.3.8 条的规定。

2. 质量保障措施

现场取得的试件应及时标识并妥善保存。现场取得的试件应与结构实体上的取样位置形成对应关系，以便根据试件的检测分析结果评价结构实体对应区域的性能。混淆现场取得的试件可能造成错误的判断，丢失现场取得的试件甚至会引起异议，导致全部检测无效。

试件应有唯一性标识，并符合下列规定：

（1）试件应按照取样时间顺序连续编号，不得空号、重号。

（2）试件标识的内容应根据试件的特性确定，宜包括：名称、规格或强度等级、制取日期等信息。

（3）试件标识应字迹清晰、附着牢固。

注：本内容参照《建筑工程检测试验技术管理规范》JGJ 190—2010 第 5.4.4 条的规定。

2.18　同条件试件的养护细则

📋《质量安全手册》第 3.3.18 条：

同条件试件应按规定在施工现场养护。

2.18.1　同条件试件的制作

1. 质量目标

用于检验混凝土强度的试件应在浇筑地点随机抽取。

注：本内容参照《混凝土结构工程施工质量验收规范》GB 50204—2015 第 7.4.1 条的规定。

2. 质量保障措施

（1）取样的要求

1）在混凝土浇筑的同时，应制作供结构或构件出池、拆模、吊装、张拉、放张和强度合格评定用的同条件养护试件，并应按设计要求制作抗冻、抗渗或其他性能试验用的试件。

注：本内容参照《混凝土质量控制标准》GB 50164—2011 第 6.1.2 条的规定。

2）同条件养护试件所对应的结构构件或结构部位，应由施工、监理等各方共同选定，且同条件养护试件的取样宜均匀分布于工程施工周期内；

3）同条件养护试件应在混凝土浇筑入模处见证取样；

4）同条件养护试件应留置在靠近相应结构构件的适当位置，并应采取相同的养护方法；

5）同一强度等级的同条件养护试件不宜少于 10 组，且不应少于 3 组。每连续两层楼取样不应少于 1 组，每 2000m³ 取样不得少于 1 组。

注：本内容参照《普通混凝土拌合物性能试验方法标准》GB/T 50080—2016 第 C.0.1 条的规定。

（2）试件的尺寸

试件的尺寸应根据混凝土中骨料的最大粒径按表 2-8 选定。

混凝土试件尺寸选用表　　　　　　　　　　　　　　　表 2-8

试件横截面尺寸(mm)	骨料最大粒径(mm)	
	劈裂抗拉强度试验	其他试验
100×100	20	31.5
150×150	40	40
200×200	—	63

注：骨料最大粒径指的是符合《普通混凝土用砂、石质量及检验方法》JGJ 52—2006 规定的圆孔筛的孔径。

注：本内容参照《普通混凝土力学性能试验方法标准》GB/T 50081—2002 第 3.1.1 条的规定。

（3）试件的形状

1）抗压强度和劈裂抗拉强度试件应符合下列规定：

① 边长为 150mm 的立方体试件是标准试件。

② 边长为 100mm 和 200mm 的立方体试件是非标准试件。

③ 在特殊情况下，可采用 $\phi150mm×300mm$ 的圆柱体标准试件或 $\phi100mm×200mm$ 和 $\phi200mm×400mm$ 的圆柱体非标准试件。

2）轴心抗压强度和静力受压弹性模量试件应符合下列规定：

① 边长为 150mm×150mm×300mm 的棱柱体试件是标准试件。

② 边长为 100mm×100mm×300mm 和 200mm×200mm×400mm 的棱柱体试件是非标准试件。

③ 在特殊情况下，可采用 $\phi150mm×300mm$ 的圆柱体标准试件或 $\phi100mm×200mm$ 和 $\phi200mm×400mm$ 的圆柱体非标准试件。

3）抗折强度试件应符合下列规定：

① 边长为 150mm×150mm×600mm（或 550mm）的棱柱体试件是标准试件。

② 边长为 100mm×100mm×400mm 的棱柱体试件是非标准试件。

注：本内容参照《普通混凝土力学性能试验方法标准》GB/T 50081—2002 第 3.2.1～3.2.3 条的规定。

（4）公差

公差包括尺寸公差和形位公差。试件的形位公差是否符合要求，对其力学性能，特别是对高强混凝土的力学性能影响甚大。试件承压面平面度公差主要是靠试模内表面的平面度来控制，而试件相邻面夹角公差不但靠试模相邻面夹角控制，还取决于每次安装试模的精度。所以要使试件的形位公差符合要求，不但应采用符合标准要求的试模来制作试件，而且必须对试模的安装予以高度的重视。

1）试件承压面的平面度公差不得超过 0.0005d（d 为边长）。

试件承压面公差允许值 表 2-9

试件横截面边长（mm）	承压面平面度公差（mm）
100	0.050
150	0.075
200	0.100

2）试件的相邻面间的夹角应为 90°，其公差不得超过 0.5°。

3）试件各边长、直径和高的尺寸公差不得超过 1mm。

注：本内容参照《普通混凝土力学性能试验方法标准》GB/T 50081—2002 第 3.3.1～3.3.3 条的规定。

（5）试件的制作

1）混凝土试件的制作应符合下列规定：

① 取样的混凝土应在拌制后尽量短的时间内成型，一般不宜超过 15min。

② 根据混凝土拌合物的稠度确定混凝土成型方法，坍落度不大于 70mm 的混凝土宜振动振实；大于 70mm 的宜用捣棒人工捣实；检验现浇混凝土或预制构件的混凝土，试件成型方法宜与实际采用的方法相同。

注：本内容参照《普通混凝土力学性能试验方法标准》GB/T 50081—2002 第 5.1.1 条的规定。

2）混凝土试件制作应按下列步骤进行：

① 取样或拌制好的混凝土拌合物应至少用铁锹再来回拌和三次。

② 用振动台振实制作试件应按下述方法进行：

a. 将混凝土拌合物一次装入试模，装料时应用抹刀沿各试模壁插捣，并使混凝土拌合物高出试模口；

b. 试模应附着或固定在振动台上，振动时试模不得有任何跳动，振动应持续到表面出浆为止，不得过振。

③ 用人工插捣制作试件应按下述方法进行：

a. 混凝土拌合物应分两层装入模内，每层的装料厚度大致相等；

b. 插捣应按螺旋方向从边缘向中心均匀进行。在插捣底层混凝土时，捣棒应达到试模底部；插捣上层时，捣棒应贯穿上层后插入下层 20～30mm，插捣时捣棒应保持垂直，不得倾斜，然后应用抹刀沿试模内壁插拔数次；

c. 每层插捣次数在 10000m² 截面积内不得少于 12 次；

d. 插捣后应用橡皮锤轻轻敲击试模四周，直至插捣棒留下的空洞消失为止。

④ 用插入式振捣棒振实制作试件应按下述方法进行：

a. 将混凝土拌合物一次装入试模，装料时应用抹刀沿各试模壁插捣，并使混凝土拌合物高出试模口；

b. 宜用直径为 φ25mm 的插入式振捣棒，插入试模振捣时，振捣棒距试模底板 10～20mm 且不得触及试模底板，振动应持续到表面出浆为止，且应避免过振，以防止混凝土离析。一般振捣时间为 20s。振捣棒拔出时要缓慢，拔出后不得留有孔洞。

3）刮除试模上口多余的混凝土，待混凝土临近初凝时，用抹刀抹平。

注：本内容参照《普通混凝土力学性能试验方法标准》GB/T 50081—2002 第 5.1.2 条的规定。

2.18.2 同条件试件的养护

1. 质量目标

同条件试件的养护条件应与实体结构部位养护条件相同，并应妥善保管。

注：本内容参照《混凝土结构工程施工规范》GB 50666—2011 第 8.5.9 条的规定。

2. 质量保障措施

（1）混凝土的养护时间

混凝土的养护时间包含混凝土未拆模时的带模养护时间以及混凝土拆模后的养护时间，应符合下列规定：

1）对于采用硅酸盐水泥、普通硅酸盐水泥或矿渣硅酸盐水泥配制的混凝土，采用浇水和潮湿覆盖的养护时间不得少于 7d。

2）对于采用粉煤灰硅酸盐水泥、火山灰质硅酸盐水泥、复合硅酸盐水泥配制的混凝土，或掺加缓凝剂的混凝土以及大掺量矿物掺合料混凝土，采用浇水和潮湿覆盖的养护时间不得少于 14d。

3）抗渗混凝土、强度等级 C60 及以上的混凝土，养护时间不应少于 14d；

4）后浇带混凝土的养护时间不应少于 14d；

5）地下室底层墙、柱和上部结构首层墙、柱等竖向混凝土结构，宜适当增加养护时间；

6）基础大体积混凝土养护时间应根据施工方案确定。

注：本内容参照《混凝土结构工程施工规范》GB 50666—2011 第 8.5.2 条的规定。

（2）洒水养护

对养护环境温度没有特殊要求的结构构件，可采用洒水养护方式。洒水养护应符合下列规定：

1）洒水养护宜在混凝土裸露表面覆盖麻袋或草帘后进行，也可采用直接洒水、蓄水等养护方式，洒水养护应保证混凝土处于湿润状态；

2）当日最低温度低于 5℃时，不应采用洒水养护。当室外日平均气温连续 5 日稳定低于 5℃时应按冬期施工相关要求进行养护。

注：本内容参照《混凝土结构工程施工规范》GB 50666—2011 第 8.5.3 条的规定。

（3）覆盖养护

对养护环境温度有特殊要求或洒水养护有困难的结构构件，可采用覆盖养护方式。对结构构件养护过程有温差要求时，通常采用覆盖养护方式。覆盖养护应符合下列规定：

1）覆盖养护应及时，应尽量减少混凝土裸露时间，防止水分蒸发。

2）覆盖养护宜在混凝土裸露表面覆盖塑料薄膜、塑料薄膜加麻袋、塑料薄膜加草帘进行；

3）塑料薄膜应紧贴混凝土裸露表面，塑料薄膜内应保持有凝结水，并经常检查，确保混凝土裸露表面处于湿润状态。

4）混凝土全部表面应覆盖严密，覆盖物的层数应按施工方案确定。

注：本内容参照《混凝土结构工程施工规范》GB 50666—2011 第 8.5.4 条的规定。

（4）喷涂养护剂养护

1）对于下列情况应采用喷涂养护剂进行养护：

① 对养护环境温度没有特殊要求或洒水养护有困难的结构构件，如拆模后的墙柱以及楼板裸露表面、采用爬升式模板脚手架施工的工程等；

② 难以潮湿覆盖的结构立面混凝土等；

③ 自然养护的大型预制构件及剪力墙、梁等大型竖向结构等。

2）养护剂的选择

① 应根据工程实际选用具有保证混凝土养护性能的养护剂，并符合国家相关标准及规程要求。生产企业应提供产品合格证和有资质检测单位出具的有效型式检验报告。

② 养护剂应具有可靠的保湿效果，保湿效果可通过试验检验，后期应能自行分解挥发，而不影响装修工程施工。

③ 养护剂使用前，应了解产品使用有效期，并保证所有产品在有效期内使用。

④垂直面施工应选择附着力强且不易流淌的养护剂。

3）养护剂喷涂施工

① 养护剂在使用前应搅拌均匀，以免堵塞喷头，并应做好安全防护工作。

② 养护剂应根据不同产品特点，按照产品使用说明书的要求操作。用量应根据厂家推荐，如果无特殊要求，以 0.2kg/m^2 的用量为宜。施工环境温度不宜低于 5℃，风力不宜大于 5 级，雨天室外不得施工。

③ 浓缩型养护剂不能直接喷涂，必须按要求配制成成品后方可使用。已配制完的养护剂，使用时严禁加水稀释。

④ 应在混凝土裸露表面均匀喷涂，不得漏喷，喷涂层不宜过薄或过厚，用人工和机械喷涂均可；

⑤ 一般要求喷涂两层，喷涂第二层养护剂时务必待第一层膜完全干透后方可进行，喷涂方向与第一层相垂直；

⑥ 混凝土养护剂应用于特殊工程施工时，还应符合相应的技术规程要求；

⑦ 养护剂喷涂施工过程中应随时检查喷涂质量，并做好施工记录。若有喷涂面破损或漏涂处，应及时补喷、补刷。

⑧ 施工后应注意成品保护，施工工具使用完毕后应及时清洗，剩余的养护剂应密封存放在阴凉处。

注：本内容参照《混凝土结构工程施工规范》GB 50666—2011 第 8.5.5 条的规定。

（5）大体积混凝土养护

对于大体积混凝土，养护过程应进行温度控制，混凝土内部和表面的温差不宜超过 25℃，表面与外界温差不宜大于 20℃。基础大体积混凝土裸露表面应采用覆盖养护方式，覆盖养护层的厚度应根据环境温度、混凝土内部温升以及混凝土温差控制要求确定，通常在施工方案中确定。当混凝土表面以内 40～100mm 位置的温度与环境温度的差值小于 25℃时，可结束覆盖养护。覆盖养护结束但尚未到达养护时间要求时，可采用洒水养护方式直至养护结束。

注：本内容参照《混凝土结构工程施工规范》GB 50666—2011 第 8.5.6 条的规定。

（6）柱、墙混凝土养护

1）地下室底层和上部结构首层柱、墙混凝土带模养护时间，不宜少于 3d，带模养护结束后可采用洒水养护方式继续养护，也可采用覆盖养护或喷涂养护剂养护方式继续养护；

2）其他部位柱、墙混凝土可采用洒水养护，也可采用覆盖养护或喷涂养护剂养护。

注：本内容参照《混凝土结构工程施工规范》GB 50666—2011 第 8.5.7 条的规定。

（7）同条件养护试件的拆模时间可与实际构件的拆模时间相同，拆模后，试件仍需保持同条件养护。

注：本内容参照《普通混凝土力学性能试验方法标准》GB/T 50081—2002 第 5.2.3条的规定。

（8）采用蒸汽养护的构件，考虑到混凝土经蒸汽养护后，对其后期强度增长（指设计规定龄期）存在不利的影响，因此规定在评定蒸汽养护构件的混凝土强度时，其试件应先随构件同条件养护，然后置入标养室继续养护，两段养护时间的总和等于设计规定龄期。

注：本内容参照《普通混凝土力学性能试验方法标准》GB/T 50081—2002 第 4.2.4条的规定。

2.19　楼板上的堆载细则

《质量安全手册》第 3.3.19 条：

楼板上的堆载不得超过楼板结构设计承载能力。

1. 质量目标

楼板质量应符合国家现行有关标准的规定和设计的要求。下层楼板应具有承受上层荷载的承载能力。

注：本内容参照《混凝土结构工程施工质量验收规范》GB 50204—2015 第 9.2.1 条的规定。

2. 质量保障措施

堆放模板、预制构件的场地应坚实平整，若在楼面上堆放，应符合楼板承载力，不得把模板、预制构件等集中堆放在楼层上，防止因荷载过大产生楼板裂缝。

注：本内容参照《混凝土结构工程施工工艺标准》DBJ-T61-31—2005 第 2.5.3.2 条的规定。

下 篇

工程质量管理资料范例

建筑材料进场检验资料

3.0.1 材料、构配件进场检验记录

材料、构配件进场检验记录					工程名称	××工程	
					资料编号	×××	
					检验日期	××年×月×日	
序号	名称	规格型号	进场数量	生产厂家	外观检验项目	试件编号	备注
				质量证明书编号	检验结果	复验结果	
1	水泥	P・O 42.5	130t	××公司	外观检验项目质量证明文件	××××	合格
				×××	合格	合格	
2	砂	中砂	400m³	××公司	外观检验项目质量证明文件	××××	合格
				×××	合格	合格	
3	碎石	5～31.5mm	400m³	××公司	外观检验项目质量证明文件	××××	合格
				×××	合格	合格	
4	钢筋	HRB 335 Φ 25	20.25t	××公司	外观检验项目质量证明文件	××××	合格
				×××	合格	合格	

检查意见(施工单位):

　　以上材料经外观检查合格,质量证明文件齐全、有效。

附件:共___×___页

验收意见(监理/建设单位):

☑同意　　□重新检验　　□退场　　验收日期:××年×月×日

签字栏	施工单位	××建设集团有限公司	专业质检员	专业工长	检验员
			×××	×××	×××
	监理或建设单位	××工程建设监理有限公司	专业工程师		×××

3.0.2　半成品钢筋出厂合格证

半成品钢筋出厂合格证					资料编号		×××	
工程名称		××工程			合格证编号		××-065	
委托单位		×××项目部			钢筋种类		热轧带肋钢筋　HRB 335	
供应总量(t)		60		加工日期	××年×月×日		供货日期	××年×月×日
序号	级别规格	供应数量 (kg)	进货日期	生产厂家	原材报告编号		复试报告编号	使用部位
1	HRB335 Φ 32	50	××年 ×月×日	××加工厂	017		××-0145	地下一、二层柱
备注：								
供应单位技术负责人		填表人			供应单位名称 (盖章)			
×××		×××						
填表日期		××年×月×日						

注：本表由半成品钢筋供应单位提供。

3.0.3 预制混凝土构件出厂合格证

预制混凝土构件出厂合格证			资料编号		×××
工程名称及使用部位	××工程　三层①～⑨/⑧～①轴		合格证编号		××-063
构件名称	预应力圆孔板	型号规格	YKB-3	供应数量	80
制造厂家	××预制构件厂		企业等级证		一级
标准图号或设计图纸号	设计图纸　结5		混凝土设计强度等级		C30
混凝土浇筑日期	××年×月×日至××年×月×日		构件出厂日期		××年×月×日

性能检验评定结果	混凝土抗压强度		主　筋		
	达到设计强度(%)	试验编号	力学性能		工艺性能
	125	××-061	钢筋屈服点、抗拉强度、伸长率均符合要求		见钢筋原材试验报告(××-0045)
	外　观				
	质量状况		规格尺寸		
	合　格		3580mm×1180mm×120mm		
	结构性能				
	承载力(kPa)	挠度(mm)	抗裂检验(kPa)		裂缝宽度(mm)
	2.00	1.50	1.40		$0.12 \leqslant 0.15(w_{max})$

备注：	结论： 　　试件结构各项性能指标经检验均达到规范规定,质量合格,同意出厂。

供应单位技术负责人	填表人	供应单位名称 (盖章)
×××	×××	
填表日期	××年×月×日	

注：本表由预制混凝土构件供应单位提供。

3.0.4 预拌混凝土出厂合格证

预拌混凝土出厂合格证				资料编号		×××
使用单位	×××项目部			合格证编号		××-195
工程名称与浇筑部位	××工程 二层顶板①～⑳/⑧～①轴					
强度等级	C35		抗渗等级	P8	供应数量(m³)	979
供应日期	××年×月×日		至	××年×月×日		
配合比编号	××-094					
原材料名称	水泥	砂	石	掺合料	外加剂	
品种及规格	P·O 42.5R	中砂	碎石	Ⅱ级粉煤灰	HNB-1	
试验编号	××-052	××-050	××-049	××-020	××-018	

每组抗压强度值(MPa)	试验编号	强度值	试验编号	强度值	备注:	
	××-0521	53.2	××-0522	51.2		
	××-0523	51.8	××-0524	51.3		
	××-0525	53.5	××-0526	53.7		
	××-0527	50.9	××-0528	48.0		
	××-0529	49.7	××-0530	44.9		

抗渗试验	试验编号	指标	试验编号	指标	
	××-0069	$P>8$	××-0070	$P>8$	

抗压强度统计结果			结论:
组数 n	平均值	最小值	合 格
10	50.8	44.9	

供应单位技术负责人	填表人	供应单位名称(盖章)
×××	×××	
填表日期: ××年×月×日		

注：本表由预拌混凝土供应单位提供。

3.0.5 清水混凝土模板进场检查表

清水混凝土模板进场检查表

使用部位		三层	施工时间	××年×月×日
施工班组		××班组	模板数量规格	××
项次	检查内容	要求	检查情况及处理结果	检查人
1	模板出厂合格证,自检记录	齐全,主要性能参数符合要求	√	×××
2	模板面板	无污染,无破损,表面清洁	√	×××
3	模板拼缝外观	注胶饱满,胶条齐全,拼缝严密,符合方案要求	√	×××
4	模板拼缝交圈情况	不大于5mm/10m	√	×××
5	模板拼装编号	符合施工方案及排板设计要求	√	×××
6	模板配件	齐全	√	×××
7	模板焊接及扣件连接	符合施工方案要求	√	×××
8	模板侧边及对拉螺栓孔眼处理	符合施工方案要求	√	×××
9	龙骨间距	小于300mm	√	×××
10	面板平整度	2mm	√	×××
11	面板对角线	3mm	√	×××
12	单排钉眼间距	小于150mm	√	×××
13	对拉螺栓孔眼中心线偏移	2mm	√	×××
14	堵头端头尺寸偏差	1mm	√	×××
15	堵头端头平整度	0.5mm	√	×××
16	明缝条截面尺寸偏差	1mm	√	×××
17	相邻面高低差	1mm	√	×××
18	板面之间缝隙宽度	1mm(尺量)	√	×××

3.0.6 钢材试验报告

钢材试验报告				资料编号	×××
				试验编号	××-0194
				委托编号	××-02150

工程名称	××工程			试件编号	097
委托单位	×××项目部			试验委托人	××
钢材种类	热轧带肋	规格或牌号	HRB 335	生产厂	首钢
代表数量	20.25t	来样日期	××年×月×日	试验日期	××年×月×日
公称直径(厚度)(mm)	25mm			公称面积(mm²)	490.9mm²

力学性能					弯曲试验		
屈服点(MPa)	抗拉强度(MPa)	伸长率(%)	$\sigma_{b实}/\sigma_{s实}$	$\sigma_{s实}/\sigma_{b标}$	弯心直径(mm)	角度(°)	结果
380	580	30	1.53	1.13	75	180	合格
375	570	31	1.52	1.12	75	180	合格

试验结果

化学分析						其他:

分析编号	化学成分(%)					
	C	Si	Mn	P	S	C_{eq}

结论:
依据《钢筋混凝土用钢 第2部分:热轧带肋钢筋》GB/T 1499.2—2018标准,符合HRB 335要求。

批 准	×××	审 核	×××	试 验	×××
试验单位	××工程检测试验有限公司				
报告日期	××年×月×日				

注:本表由检测机构提供。

3.0.7 水泥试验报告

水泥试验报告		资料编号		×××	
		试验编号		××-0166	
		委托编号		××-06379	
工程名称	××工程		试件编号		010
委托单位	×××项目部		试验委托人		×××
品种及强度等级	P·O 42.5	出厂编号及日期	××××年×月×日	厂别牌号	××水泥集团
代表数量	200	来样日期	××年×月×日	试验日期	××年×月×日

试验结果	一、细度	1. 80μm方孔筛余量(%)			—			
		2. 比表面积(m²/kg)			—			
	二、标准稠度用水量 P(%)				25.4			
	三、凝结时间	初凝		140min		终凝		225min
	四、安定性	雷氏法		/ mm		饼法		合格
	五、其他				—			

六、强度(MPa)

抗折强度				抗压强度			
3d		28d		3d		28d	
单块值	平均值	单块值	平均值	单块值	平均值	单块值	平均值
4.5		8.7		23.0		52.5	
				23.8		53.2	
4.3	4.4	8.8	8.7	23.2	23.5	52.7	53.1
				24.1		53.8	
4.3		8.7		23.8		53.2	
				22.9		53.1	

结论:
　　依据《通用硅酸盐水泥》GB 175—2007标准,此批水泥安定性合格,凝结时间合格,符合P·O 42.5水泥强度要求。

批　　准	×××	审　核	×××	试　　验	×××
试验单位	××工程检测试验有限公司				
报告日期	××年×月×日				

注:本表由检测机构提供。

3.0.8 砂试验报告

砂试验报告

委托单位：××建设集团有限公司　　　　　　　　　　试验编号：×××

工程名称	××办公楼工程			委托日期	2015 年 6 月 15 日
砂种类	中砂			报告日期	2015 年 6 月 19 日
产地	××砂石厂	代表批量	600t	检验类别	委托
检验项目	标准要求	实测结果	检验项目	标准要求	实测结果
表观密度（kg/m³）	—	—	石粉含量(%)	—	—
堆积密度（kg/m³）	—	—	氯盐含量(%)	—	—
紧密密度（kg/m³）	—	—	含水率(%)	—	—
含泥量(%)	<3.0	1.4	吸水率(%)	—	—
泥块含量(%)	<1.0	0.6	云母含量(%)	—	—
硫酸盐硫化物(%)	—	—	空隙率(%)	—	—
			坚固性	—	—
轻物质含量(%)	—	—	碱活性	—	—

筛孔尺寸(mm)	5.00	2.50	1.25	0.630	0.315	0.160	筛分结果	细度模数
标准下限(%)	0	0	10	41	70	90		2.5
标准上限(%)	10	25	50	70	92	100		级配区属
实测结果(%)	3	13	28	54	80	96		Ⅱ

依据标准：
《普通混凝土用砂、石质量及检验方法标准》JGJ 52—2006

检验结论：
含泥量、泥块含量指标合格。本试样按细度模数分属中砂,其级配属二区,可用于浇筑 C30 及 C30 以上的混凝土。

备　注：

试验单位：××检测中心　　技术负责人：×××　　审核：×××　　试(检)验：×××

3.0.9 碎（卵）石试验报告

碎（卵）石试验报告

委托单位：××建设集团有限公司   试验编号：×××

工程名称	××工程			委托日期	2015 年 4 月 27 日
石子种类	碎石			报告日期	2015 年 5 月 1 日
产　　地	××砂石厂	代表批量	600t	检验类别	委托
检验项目	标准要求	实测结果	检验项目	标准要求	实测结果
表观密度 (kg/m³)	—	—	有机物含量	—	—
堆积密度 (kg/m³)	—	—	坚固性	—	—
紧密密度 (kg/m³)			岩石强度 (MPa)		
含泥量(%)	<2.0	0.6	压碎指标(%)	<16	8
泥块含量(%)	<0.7	0.2	SO₃含量(%)	—	—
吸水率	—	—	碱活性		
针片状含量(%)	<25	4.3	空隙率(%)	—	—

筛孔尺寸(mm)	90	75.0	63.0	53.0	37.5	31.5	26.5	19.0	16.0	9.50	4.75	2.36
标准下限(%)	—	—	—	—	—	0	0	—	30	—	90	95
标准上限(%)	—	—	—	—	—	0	5	70	—	—	100	100
实测结果(%)						0	2	—	50		94	98

依据标准：
《普通混凝土用砂、石质量及检验方法标准》JGJ 52—2006

检验结论：
　依据 JGJ 52—2006 标准，含泥量、泥块含量及针、片状颗粒含量指标合格。
　经配符合 5～25mm 连续粒级的要求。

备　　注：

试验单位：××检测中心　　技术负责人：×××　　审核：×××　　试(检)验：×××

3.0.10 外加剂试验报告

<table>
<tr><td rowspan="3" colspan="2" style="text-align:center">外加剂试验报告</td><td>资料编号</td><td>×××</td></tr>
<tr><td>试验编号</td><td>××-0036</td></tr>
<tr><td>委托编号</td><td>××-01480</td></tr>
<tr><td>工程名称</td><td colspan="3">××工程</td><td>试样编号</td><td>006</td></tr>
<tr><td>委托单位</td><td colspan="3">×××项目部</td><td>试验委托人</td><td>×××</td></tr>
<tr><td>产品名称</td><td>泵送剂</td><td>生产厂</td><td>××建材厂</td><td>生产日期</td><td>××年×月×日</td></tr>
<tr><td>代表数量</td><td>2t</td><td>来样日期</td><td>××年×月×日</td><td>试验日期</td><td>××年×月×日</td></tr>
<tr><td>试验项目</td><td colspan="5">减水率、28d抗压强度比、钢筋锈蚀</td></tr>
<tr><td colspan="3" style="text-align:center">试 验 项 目</td><td colspan="3" style="text-align:center">试 验 结 果</td></tr>
<tr><td colspan="3">1. 坍落度保留值</td><td colspan="3">H_{30}:163mm H_{60}:137mm</td></tr>
<tr><td colspan="3">2. 压力泌水率比</td><td colspan="3">74%</td></tr>
<tr><td colspan="3">3. 抗压强度比</td><td colspan="3">R_7:124% R_{28}:111%</td></tr>
<tr><td colspan="3">4. 对钢筋的锈蚀情况</td><td colspan="3">对钢筋无锈蚀</td></tr>
<tr><td colspan="3"></td><td colspan="3"></td></tr>
<tr><td colspan="3"></td><td colspan="3"></td></tr>
<tr><td colspan="6">结论:
符合《混凝土防冻泵送剂》JG/T 377—2012标准,该产品性能符合检验要求。</td></tr>
<tr><td>批　　准</td><td>×××</td><td>审　　核</td><td>×××</td><td>试　　验</td><td>×××</td></tr>
<tr><td>试验单位</td><td colspan="5">××工程检测试验有限公司</td></tr>
<tr><td>报告日期</td><td colspan="5">××年×月×日</td></tr>
</table>

注:本表由检测机构提供。

3.0.11　掺合料试验报告

			资料编号	×××
掺合料试验报告			试验编号	××-0015
			委托编号	××-01480
工程名称	××工程		试样编号	002
委托单位	×××项目部		试验委托人	×××
掺合料种类	粉煤灰	等级　Ⅱ级	产地	××
代表数量　60t	来样日期　××年×月×日		试验日期	××年×月×日

试验结果	一、细度	1. 0.045mm 方孔筛余(%)	26.4
		2. 80μm 方孔筛余(%)	—
	二、需水量比		99
	三、吸铵值(%)		—
	四、28d 水泥胶砂抗压强度比		—
	五、烧失量(%)		7.5
	六、其他(含碱量)		1.29

结论:
　　依据《用于水泥和混凝土中的粉煤灰》GB 1596—2017 标准,符合Ⅱ级粉煤灰要求。

批　准	×××	审　核	×××	试　验	×××
试验单位	××工程检测试验有限公司				
报告日期	××年×月×日				

注:本表由检测机构提供。

3.0.12 轻集料试验报告

轻集料试验报告			资料编号	×××
			试验编号	××-006
			委托编号	××-01345
工程名称	××工程		试样编号	008
委托单位	×××项目部		试验委托人	×××
种类	黏土陶粒	密度等级 700	产地	××
代表数量	100m³	来样日期 ××年×月×日	试验日期	××年×月×日

试验结果	一、筛分析	1. 细度模数(细集料)	—
		2. 最大粒径(粗集料)	20mm
		3. 级配情况	☑连续粒级　□单粒级
	二、表观密度(kg/m³)		—
	三、堆积密度(kg/m³)		680
	四、筒压强度(MPa)		3.9
	五、吸水率(1h,%)		9.7
	六、粒型系数		—
	七、其他		—

结论:
　　依据《轻集料及其试验方法》GB/T 17431.1—2010标准,该黏土陶粒检验项目合格。

批　准	×××	审　核	×××	试　验	×××
试验单位	××工程检测试验有限公司				
报告日期	××年×月×日				

注:本表由检测机构提供。

Chapter 04

施工试验检测资料

4.0.1 钢筋机械连接型式检验报告

钢筋机械连接型式检验报告

接头名称	锥螺纹连接接头		送检数量	15 根	送检日期	×年×月×日
送检单位	××机械集团有限公司			设计接头等级	Ⅰ 级　Ⅱ 级　Ⅲ 级	
接头基本参数	连接件示意图			钢筋牌号	**HRB335**　HRB400　HRB500	
				连接件材料	热轧合金钢套筒	
				连接工艺参数	ZM23×2.5, $l=32$mm, $L=70$mm	
钢筋试验结果	钢筋母材编号		NO.1	NO.2	NO.3	要求指标
	钢筋直径(mm)		25	25	25	25
	屈服强度(N/mm²)		365	345	370	≥335
	抗拉强度(N/mm²)		580	550	580	≥335
接头试验结果	单向拉伸	单向拉伸试件编号	NO.1	NO.2	NO.3	—
		抗拉强度(N/mm²)	565	570	540	≥335
		残余变形(mm)	0.04	0.045	0.03	≤0.14
		最大力总伸长率(%)	16	17	17	≥6.0
	高应力反复拉压	高应力反复拉压试件编号	NO.4	NO.5	NO.6	—
		抗拉强度(N/mm²)	555	540	550	≥335
		残余变形(mm)	0.025	0.064	0.075	≤0.3
	大变形反复拉压	大变形反复拉压试件编号	NO.7	NO.8	NO.9	—
		抗拉强度(N/mm²)	535	555	555	≥335
		残余变形(mm)	0.046	0.039	0.053	≤0.3
评定结论		合格,符合 A 级接头性能指标				

负责人：×××　　　　　　校核：×××　　　　　　试验员：×××

试验日期：×年×月×日　　　　试验单位：××工程检测有限公司

注：1. 接头试件基本参数应详细记载。套筒挤压接头应包括套筒长度、外径、内径、挤压道次、压痕总宽度、压痕平均直径、挤压后套筒长度；螺纹接头应包括连接套筒长度、外径、螺纹规格、牙形角、镦粗直螺纹过渡段长度、锥螺纹锥度、安装时拧紧扭矩等。

2. 破坏形式可分 3 种：钢筋拉断、连接件破坏、钢筋与连接件拉脱。

检 验 报 告
TEST REPORT
BETC-CL1-2018-1445

工程/产品名称
Name of Engineering/Product 滚轧直螺纹钢筋接头（型式检验）

委托单位
Client ××机械集团有限公司

检验类别
Test Category 委托检验

国家建筑工程质量监督检验中心
NATIONAL CENTER FOR QUALITY SUPERVISION
AND TEST OF BUILDING ENGINEERING

国家建筑工程质量监督检验中心检验报告
TEST REPORT OF NATIONAL CENTER FOR QUALITY
SUPERVISION AND TEST OF BUILDING ENGINEERING

报告编号（No. of Report）：BETC-CL1-2018-1445 共3页 第1页（Page 1 of 3）

委托单位（Client）		××机械集团有限公司		
地址（ADD）		××市××区××路	电话（Tel）	××××
样品 （Sample）	名称（Name）	热轧带肋钢筋（母材） 滚轧直螺纹钢筋接头	状态 （State）	正常
	规格型号 （Type/Model）	28	商标 （Brand）	—
生产单位（Manufacturer）		××机械集团有限公司		
送样/抽样日期 （Date of delivery/Sampling）		××/×/×	地点 （Place）	—
工程名称 （Name of engineering）		××工程		
检验 （Test）	项目 （Item）	1. σ_s、σ_b 2. 单向拉伸性能 3. 高应力反复拉压性能 4. 大变形反复拉压性能	数量 （Quantity）	1. 3根 2. 3根 3. 3根 4. 3根
	地点 （Place）	实验室	日期 （Date）	××/×/×
	依据 （Peference documents）	GB 1499.2—2018、JGJ 107—2016		
	设备 （Equipment）	1MN 试验机及 JBK 测试系统、INSTRON 500kN 试验机		
检验结论（Conclusion）				
1. 母材试验所检验的项目符合 GB 1449.2—2018 中规定的 HRB 400 的强度要求。 2. 单向拉伸试验、高应力反复拉压试验、大变形反复拉压试验所检验的项目均符合 JGJ 107—2016 中规定的"Ⅰ"级性能要求。				
备注	各项检验数据见本报告的第2页，附表见本报告的第3页。 钢筋牌号 HRB 400，钢筋螺纹采用剥肋滚轧工艺（Ⅰ级型检）				

批准（Approval）：××× 审核（Verification）：××× 主检（Chief tester）：×××

报告日期（Date）：××.×.×

国家建筑工程质量监督检验中心检验报告
TEST REPORT OF NATIONAL CENTER FOR QUALITY SUPERVISION AND TEST OF BUILDING ENGINEERING

共 3 页　第 2 页（Page 2 of 3）

母材检验数据					
母材试件编号	CL 1-2018-1445-1	CL 1-2018-1445-2	CL 1-2018-1445-3	平均值	标准值
钢筋直径(mm)	28	28	28	—	—
屈服强度 σ_s(N/mm^2)	480	480	485	—	≥400
抗拉强度 σ_b(N/mm^2)	665	670	685	—	≥570
破坏情况	—	—	—	—	—
单向拉伸性能检验数据					
单向拉伸试件编号	CL 1-2018-1445-4	CL 1-2018-1445-5	CL 1-2018-1445-6	平均值	标准值
抗拉强度 f_{mst}^0 (N/mm^2)	665	670	670	—	$f_{mst}^0 \geqslant f_{st}^0$ 或 $\geqslant 1.10 f_{uk}$
非弹性变形 u(mm)	0.105	0.095	0.045	0.082	$u \leqslant 0.10$
总伸长率 δ_{sgt}(%)	7.0	7.5	7.5	7.5	$\delta_{sgt} \geqslant 4.0$
破坏情况	断母材	断母材	断母材	—	—
高应力反复拉压性能检验数据					
高应力反复拉压试件编号	CL 1-2018-1445-7	CL 1-2018-1445-8	CL 1-2018-1445-9	平均值	标准值
抗拉强度 f_{mst}^0 (N/mm^2)	665	670	670	—	$f_{mst}^0 \geqslant f_{st}^0$ 或 $\geqslant 1.10 f_{uk}$
残余变形 u_{20}(mm)	0.13	0.08	0.15	0.12	$u_{20} \leqslant 0.3$
破坏情况	断母材	断母材	断母材	—	—
大变形反复拉压性能检验数据					
大变形反复拉压试件编号	CL 1-2018-1445-10	CL 1-2018-1445-11	CL 1-2018-1445-12	平均值	标准值
抗拉强度 f_{mst}^0 (N/mm^2)	685	685	685	—	$f_{mst}^0 \geqslant f_{st}^0$ 或 $\geqslant 1.10 f_{uk}$
残余变形 u_4(mm)	0.14	0.14	0.26	0.18	$u_4 \leqslant 0.3$
残余变形 u_8(mm)	0.28	0.21	0.42	0.30	$u_8 \leqslant 0.6$
破坏情况	断母材	断母材	断母材	—	—

附录：

委托单位	××机械集团有限公司		
产品名称	滚轧直螺纹钢筋接头	公称直径(mm)	28
设计接头等级	Ⅰ级	送检日期	××.×.×
连接件基本参数			
连接件各部位尺寸	长度(mm)　70.0	连接件原材料	45 号钢
	外径(mm)　44.0	螺距	3.0
	内径(mm)　23.75	牙形角状态	60°

连接件示意图：

国家建筑工程质量监督检验中心
××年×月×日

4.0.2 钢筋连接工艺检验评定报告

钢筋连接工艺检验评定报告

钢筋连接工艺检验评定报告			编　号	×××
			试验编号	××××-0018
			委托编号	××××-01685

工程名称及部位	××工程　二层顶板及墙柱			试件编号	002
委托单位	×××项目部			试验委托人	×××
接头类型	直螺纹连接			检验形式	工艺检验
设计要求 接头性能等级	Ⅰ级			代表数量	—
连接钢筋种类 及牌号	热轧带肋 HRB 335	公称直 径(mm)	25	原材试验编号	××××-0021
操作人	×××	来样日期	××年×月×日	试验日期	××年×月×日

接头试件			母材试件		弯曲试件				备注
公称 面积 (mm²)	抗拉 强度 (MPa)	断裂 特征 及位置	实测 面积 (mm²)	抗拉 强度 (MPa)	弯心 直径	角度	结果		备注
490.9	600	母材拉断 105	—	585					
490.9	605	母材拉断 123	—	595					
490.9	605	母材拉断 109	—	565					

结论:
　依据《钢筋机械连接技术规程》JGJ 107—2016,以上所检项目工艺检验符合机械连接Ⅰ级接头要求。

批　准	×××	审　核	×××	试　验	×××
试验单位	××工程检测试验有限公司				
报告日期	××年×月×日				

4.0.3 钢筋连接试验报告

钢筋连接试验报告				编　号		×××
				试验编号		××××-0126
				委托编号		××××-01685
工程名称及部位	××工程　二层顶板			试件编号		018
委托单位	×××项目部			试验委托人		×××
接头类型	直螺纹连接			检验形式		现场检验
设计要求接头性能等级	Ⅰ级			代表数量(个)		500
连接钢筋种类及牌号	热轧带肋 HRB 335	公称直径(mm)	20mm	原材试验编号		××××-0086
操作人	×××	来样日期	××年×月×日	试验日期		××年×月×日

接头试件			母材试件		弯曲试件			备注
公称面积(mm²)	抗拉强度(MPa)	断裂特征及位置	实测面积(mm²)	抗拉强度(MPa)	弯心直径	角度	结果	
314.2	610	滑脱						
314.2	570	母材拉断 128mm						
314.2	575	母材拉断 59mm						

结论:

依据《钢筋机械连接技术规程》JGJ 107—2016,以上所检项目符合机械连接Ⅰ级接头要求。

批　准	×××	审　核	×××	试　验	×××
试验单位	××工程检测试验有限公司				
报告日期	××年×月×日				

钢筋连接试验报告				编　　号	××××
				试验编号	××××-0413
				委托编号	××××-03341

工程名称及部位	××工程　二层顶板			试件编号	014
委托单位	×××项目部			试验委托人	×××
接头类型	电弧焊　双面搭接焊			检验形式	现场检验
设计要求 接头性能等级	—			代表数量(个)	300
连接钢筋种类 及牌号	热轧带肋 HRB 335	公称直径(mm)	22	原材试验编号	××××-0196
操作人	×××	来样日期	××年×月×日	试验日期	××年×月×日

接头试件			母材试件		弯曲试件			备注
公称面积(mm²)	抗拉强度(MPa)	断裂特征及位置	实测面积(mm²)	抗拉强度(MPa)	弯心直径	角度	结果	
380.1	620	延性断裂 84mm						
380.1	530	延性断裂 72mm						
380.1	580	延性断裂 78mm						

结论：

　　依据《钢筋焊接及验收规程》JGJ 18—2012,符合电弧焊要求。

批　　准	×××	审　核	×××	试　　验	×××
试验单位	××工程检测试验有限公司				
报告日期	××年×月×日				

4.0.4 混凝土配合比申请单、通知单

<table>
<tr><td colspan="4" rowspan="2" style="text-align:center">混凝土配合比申请单</td><td>资料编号</td><td>×××</td></tr>
<tr><td>委托编号</td><td>××-01560</td></tr>
<tr><td>工程名称及部位</td><td colspan="5">××工程 地上四层①～⑤/①～Ⓝ轴框架柱</td></tr>
<tr><td>委托单位</td><td colspan="3">×××项目部</td><td>试验委托人</td><td>×××</td></tr>
<tr><td>设计强度等级</td><td colspan="3">C35</td><td>要求坍落度
或扩展度</td><td>160～180mm</td></tr>
<tr><td>其他技术要求</td><td colspan="5">—</td></tr>
<tr><td>搅拌方法</td><td>机械</td><td>浇捣方法</td><td>机械</td><td>养护方法</td><td>标准养护</td></tr>
<tr><td>水泥品种及
强度等级</td><td>P·O 42.5R</td><td>厂别牌号</td><td>琉璃河 长城</td><td>试验编号</td><td>××-0143</td></tr>
<tr><td>砂产地及种类</td><td colspan="3">龙凤山 中砂</td><td>试验编号</td><td>××-0065</td></tr>
<tr><td>石产地及种类</td><td>三河 碎石</td><td>最大粒径
(mm)</td><td>25mm</td><td>试验编号</td><td>××-0060</td></tr>
<tr><td>外加剂名称</td><td colspan="3">PHF-3 泵送剂</td><td>试验编号</td><td>××-0042</td></tr>
<tr><td>掺合料名称</td><td colspan="3">Ⅱ级粉煤灰</td><td>试验编号</td><td>××-0041</td></tr>
<tr><td>申请日期</td><td>××年×月×日</td><td>使用日期</td><td>××年×月×日</td><td>联系电话</td><td>×××××××</td></tr>
</table>

<table>
<tr><td colspan="6" rowspan="2" style="text-align:center">混凝土配合比通知单</td><td>配合比编号</td><td>××-0082</td></tr>
<tr><td>试配编号</td><td>××-128</td></tr>
<tr><td>强度等级</td><td>C35</td><td>水胶比</td><td>0.43</td><td>水灰比</td><td colspan="2">0.46</td><td>砂率</td><td>42%</td></tr>
<tr><td>材料名称</td><td>水泥</td><td>水</td><td>砂</td><td>石</td><td colspan="2">外加剂</td><td>掺合料</td><td>其 他</td></tr>
<tr><td>每1m³用量
(kg/m³)</td><td>323</td><td>180</td><td>773</td><td>1053</td><td colspan="2">8.7</td><td>91</td><td></td></tr>
<tr><td>每盘用量(kg)</td><td>646</td><td>361.76</td><td>1543.94</td><td>2105.96</td><td colspan="2">19.38</td><td>180.88</td><td></td></tr>
<tr><td>混凝土碱含量
(kg/m³)</td><td colspan="8">注:此栏只有遇Ⅱ类工程(按京建科〔1999〕230号规定分类)时填写</td></tr>
<tr><td colspan="9">说明:本配合比所使用材料均为干材料,使用单位应根据材料含水情况随时调整。</td></tr>
<tr><td colspan="3" style="text-align:center">批 准</td><td colspan="3" style="text-align:center">审 核</td><td colspan="3" style="text-align:center">试 验</td></tr>
<tr><td colspan="3" style="text-align:center">×××</td><td colspan="3" style="text-align:center">×××</td><td colspan="3" style="text-align:center">×××</td></tr>
<tr><td colspan="3" style="text-align:center">报告日期</td><td colspan="6" style="text-align:center">××年×月×日</td></tr>
</table>

注:本表由检测机构提供。

4.0.5　混凝土抗压强度试验报告

			资料编号	×××
混凝土抗压强度试验报告			试验编号	××-0017
			委托编号	××-02450
工程名称及部位	××工程　一层顶板		试件编号	003
委托单位	×××项目部		试验委托人	×××
设计强度等级	C30　P8		实测坍落度 扩展度	160mm
水泥品种及 强度等级	P·O　42.5		试验编号	××-0123
砂种类	中砂		试验编号	××-0065
石种类、公称直径	碎石　5～10mm		试验编号	××-0059
外加剂名称	UEA		试验编号	××-0044
掺合料名称	粉煤灰Ⅱ级		试验编号	××-0038
配合比编号	××-0082		混凝土生产 企业名称	××公司
成型日期	××年×月×日	要求龄期 (d)	28	要求试验 日　期	××年×月×日
养护方法	标准养护	收到日期	××年×月×日	试块制作人	×××

试验结果	试验日期	实际龄期 (d)	试件边长 (mm)	受压面积 (mm²)	荷载(kN)		平均抗压强度 (MPa)	折合150mm立方体抗压强度 (MPa)	达到设计强度等级 (%)
					单块值	平均值			
	××年×月×日	28	100	10000	460 450 480	463	46.3	44.0	147

备注：
　　符合《混凝土强度检验评定标准》GB/T 50107—2010 的要求,合格。

批　　准	×××	审　　核	×××	试　　验	×××
试验单位	××工程检测试验有限公司				
报告日期	××年×月×日				

注：本表由检测机构提供。

		资料编号	×××
混凝土抗压强度试验报告		试验编号	××-1326
		委托编号	××-15379

工程名称及部位	××工程首层框架柱⑦～⑪/ⓒ～ⓕ轴	试件编号	018
委托单位	×××项目部	试验委托人	×××
设计强度等级	C40	实测坍落度扩展度	160mm
水泥品种及强度等级	P·O 42.5	试验编号	××-0152
砂种类	中砂	试验编号	××-0071
石种类、公称直径	碎石 25mm	试验编号	××-0069
外加剂名称	RS-6 泵送剂	试验编号	××-0050
掺合料名称	复合掺合料	试验编号	××-0048
配合比编号	××-0098	混凝土生产企业名称	××公司

成型日期	××年×月×日	要求龄期(d)	33	要求试验日期	××年×月×日
养护方法	结构实体检验	收到日期	××年×月×日	试块制作人	×××

试验结果	试验日期	实际龄期(d)	试件边长(mm)	受压面积(mm²)	荷载(kN) 单块值	荷载(kN) 平均值	平均抗压强度(MPa)	折合150mm立方体抗压强度(MPa)	达到设计强度等级(%)
	××年×月×日	33	100	10000	537	556	55.6	52.8	145
					568				
					563				

备注：

　　符合《混凝土强度检验评定标准》GB/T 50107—2010、《混凝土结构工程施工质量验收规范》GB 50204—2015 的要求，合格。

批 准	×××	审 核	×××	试 验	×××
试验单位	××工程检测试验有限公司				
报告日期	××年×月×日				

注：本表由检测机构提供。

4.0.6　混凝土试块强度统计、评定记录

混凝土试块强度统计、评定记录								资料编号		×××

工程名称	××工程	强度等级	C30
施工单位	×××项目部	养护方法	标准养护
统计期	××年×月×日至××年×月×日	结构部位	主体一～五层墙柱

试块组 n	强度标准值 $f_{cu,k}$ (MPa)	平均值 m_{fcu} (MPa)	标准差 S_{fcu} (MPa)	最小值 $f_{cu,min}$ (MPa)	合格判定系数	
					λ_1	λ_2
13	30.0	46.52	8.84	36.1	1.70	0.90

每组强度值 (MPa)	50.4	36.1	40.8	39.4	58.0	37.7	36.8	57.3	56.7	51.6
	57.5	42.5	39.9							

评定界限	☑　统计方法(二)			□　非统计方法	
	$0.90 f_{cu,k}$	$m_{fcu}-\lambda_1 \times S_{fcu}$	$\lambda_2 \times f_{cu,k}$	$1.15 f_{cu,k}$	$0.95 f_{cu,k}$
	27	31.49	27		

判定式	$m_{fcu}-\lambda_1 \times S_{fcu} \geqslant 0.90 f_{cu,k}$	$f_{cu,min} \geqslant \lambda_2 \times f_{cu,k}$	$m_{fcu} \geqslant 1.15 f_{cu,k}$	$f_{cu,min} \geqslant 0.95 f_{cu,k}$

结果	31.49＞27	36.1＞27		

结论:
　　符合《混凝土强度检验评定标准》GB/T 50107—2010 的要求,合格。

批　　准	审　　核	统　　计
×××	×××	×××
报告日期	××年×月×日	

注: 本表由施工单位填写。

混凝土试块强度统计、评定记录

						资料编号		×××	

工程名称	××工程			强度等级		C40	
施工单位	×××项目部			养护方法		标准养护	
统计期	××年×月×日至××年×月×日			结构部位		主体结构	

试块组 n	强度标准值 $f_{cu,k}$ (MPa)	平均值 m_{fcu} (MPa)	标准差 S_{fcu} (MPa)	最小值 $f_{cu,min}$ (MPa)	合格判定系数	
					λ_1	λ_2
6	40	51.9	—	46.2		

每组强度值 (MPa)	58.1	49.3	54.0	50.2	46.2	53.6		

评定界限	□ 统计方法(二)			☑ 非统计方法	
	$0.90 f_{cu,k}$	$m_{fcu} - \lambda_1 \times S_{fcu}$	$\lambda_2 \times f_{cu,k}$	$1.15 f_{cu,k}$	$0.95 f_{cu,k}$
				46.0	38.0

判定式	$m_{fcu} - \lambda_1 \times S_{fcu} \geqslant 0.90 f_{cu,k}$	$f_{cu,min} \geqslant \lambda_2 \times f_{cu,k}$	$m_{fcu} \geqslant 1.15 f_{cu,k}$	$f_{cu,min} \geqslant 0.95 f_{cu,k}$
结果			51.9>46.0	46.2>38.0

结论:
符合《混凝土强度检验评定标准》GB/T 50107—2010 的要求,合格。

批 准	审 核	统 计
×××	×××	×××

报告日期	××年×月×日

注:本表由检测机构提供。

4.0.7　混凝土抗渗试验报告

混凝土抗渗试验报告				资料编号	×× ×
				试验编号	××-0058
				委托编号	××-01245
工程名称及部位	××大厦　基础底板			试件编号	003
委托单位	××项目部			试验委托人	×××
抗渗等级	P8			配合比编号	××-0022
强度等级	C30	养护条件	标准养护	收样日期	××年×月×日
成型日期	××年×月×日	龄期(d)	32	试验日期	××年×月×日

试验情况：
　　由 0.1MPa 顺序加压至 0.9MPa,保持 8h,试样表面无渗水。
　　试验结果:抗渗等级＞P8

结论：
　　根据《普通混凝土长期性能和耐久性能试验方法标准》GB/T 50082—2009,符合 P8 设计要求。

批　　准	×××	审　核	×××	试　　验	×××
试验单位	××工程检测试验有限公司				
报告日期	××年×月×日				

注：本表由检测机构提供。

4.0.8　单方混凝土氯离子含量计算书

单方混凝土氯离子含量计算书		编　号	×××
		试验编号	××××-0663
		委托编号	—

工程名称及部位	××工程　一层⑭～㉓/Ⓑ～Ⓖ轴梁板		
委托单位	××建筑集团有限公司		
混凝土强度等级	C30	配合比编号	××××-0663
水泥品种及强度等级	P·O 43.5	氯离子含量(%)	0.0060
外加剂名称	UNF-5AS2# 减水剂	氯离子含量(%)	
掺合料种类	粉煤灰(Ⅱ级)	氯离子含量(%)	
外加剂名称		氯离子含量(%)	

用量	材料名称						
	水泥	水	砂	石	外加剂	掺合料	外加剂
每 1m³ 用量(kg)	289	176	783	1083	7.30	95	

氯离子计算结果				
	水泥	掺合料	外加剂1	外加剂2
每 1m³ 用量(kg)	289	95	7.30	
氯离子含量(%)	0.0060			
每 1m³ 氯离子含量(kg)	0.017			
每 1m³ 混凝土总氯离子含量	0.0044%			
工程种类	Ⅱ类	砂种类	中砂	石种类	碎石

结论：
氯离子含量为 0.0044%,符合《混凝土结构设计规范》GB 50010—2010 的要求。
报告日期:××年×月×日

4.0.9 单方混凝土碱含量计算书

单方混凝土碱含量计算书		编　　号	×××
		试验编号	××××-0663
		委托编号	—

工程名称及部位	××工程　一层⑭~㉓/Ⓑ~Ⓖ轴梁板		
委托单位	××建筑集团有限公司		
混凝土强度等级	C30	配合比编号	××××-0663
水泥品种及强度等级	P·O 42.5	碱含量(%)	0.4900
外加剂名称	UNF-5AS2#减水剂	碱含量(%)	2.57
掺合料种类	粉煤灰(Ⅱ级)	碱含量(%)	1.220
外加剂名称		碱含量(%)	

用量	材料名称						
	水泥	水	砂	石	外加剂	掺合料	外加剂
每1m³ 用量(kg)	289	176	783	1083	7.30	95	

碱含量计算结果				
	水泥	掺合料	外加剂1	外加剂2
每1m³ 用量(kg)	289	95	7.30	
含碱量(%)	0.4900	1.2200	2.57	
每1m³ 含碱量(kg)	1.42	0.17	0.19	
每1m³ 混凝土总碱含量(kg)	1.78			

工程种类	Ⅱ类	砂种类	中砂	石种类	碎石

结论：
　　符合《预防混凝土碱骨料反应技术规范》GB/T 50733—2011 的规定。

报告日期：××年×月×日

4.0.10　混凝土抗折强度试验报告

混凝土抗折强度试验报告

委托单位：××建设集团有限公司　　　　　　　　　　　来样日期：××年×月×日

检验编号：××××-00621　　　　　　　　　　　　　　报告日期：××年×月×日

工程名称		××工程			工程部位		首层⑪～⑲/Ⓐ～Ⓗ轴墙体
试验编号	养护条件	检验日期		检验依据			检验条件
005	标准养护	××年×月×日		《普通混凝土力学性能试验方法标准》GB/T 50081—2002			室温(℃)：23 设备型号：抗折试验机

强度 设计(MPa)	配合比 编号	配合比（kg/m³）							
		水泥	砂	石	水	外加剂			
C40 P6 4.5	××××-0079	358	694	1104	175	10.45			

检 验 结 果

成型 日期	试压 日期	龄期 (d)	试块尺寸 (mm)	单块破坏 荷载 (kN)	单块抗折 强度 (MPa)	尺寸 换算 系数	抗折 强度 (MPa)	达到设计 强度标准值 (%)
××年×月 ×日	××年×月 ×日	28	400× 100× 100	20.7 22.5 23.6		0.85	5.7	127

备注	抽样单位：××建设集团有限公司 见证单位：××工程建设监理有限公司	抽样人：××× 见证人：×××

检验单位：××实验室　　　批准：×××　　　审核：×××　　　编写：×××

注意事项	1. 委托检验未加盖"检验报告专用章"无效； 2. 复制报告未重新加盖"检验报告专用章"无效； 3. 检验报告无编写、审核、批准人员签章无效； 4. 检验报告涂改无效； 5. 对检验报告结论若有异议，请于收到检验报告之日起 15 日内提出，以便及时处理。

检验单位地址：×××　　　　　　　电话：×××　　　　　　　邮编：×××

4.0.11 混凝土抗冻性检验报告

混凝土抗冻性检验报告

委托单位：××建设集团有限公司 　　　　来样日期：××年×月×日

检验编号：××××-00312 　　　　报告日期：××年×月×日

工程名称	××工程			工程部位		九层⑫～⑲/Ⓔ～Ⓚ轴剪力墙柱	
试样编号	强度等级	抗冻等级	养护条件	成型日期	破型日期	检验依据	
014	C30	F25	标准养护	××年×月×日	××年×月×日	《普通混凝土长期性能和耐久性能试验方法》GB/T 50002—2009	
检验条件（设备型号）	配合比编号	配合比（kg/m³）					
		水泥	砂	石	水	外加剂	掺合料
混凝土冻融试验机	××××-0129	388	736	1063	193	13.6	68

检 验 结 果							
龄期(d)	冻融循环次数	抗压强度(MPa)		强度损失率(%)	质量(kg)		质量损失率(%)
		对比试件	冻融试件		冻融前	冻融后	
28	25	46.3	42.58	10	10	9.7	3
		46.3	41.67		10	9.72	
		46.3	40.76		10	9.68	

结论	试件经检测，其结果符合《普通混凝土长期性能和耐久性能试验方法》GB/T 50002—2009 的规定，评定合格。	
备注	抽样单位：××建筑集团有限公司 见证单位：××工程建设监理有限公司	抽样人：××× 见证人：×××

检验单位：×××实验室　　批准：×××　　审核：×××　　编写：×××

注意事项	1. 委托检验未加盖"检验报告专用章"，无效； 2. 复制报告未重新加盖"检验报告专用章"，无效； 3. 检验报告无编写、审核、批准人员签章，无效； 4. 检验报告涂改，无效； 5. 对检验报告结论若有异议，请于收到检验报告之日起 15 日内提出，以便及时处理。

检验单位地址：×××　　　　电话：×××　　　　邮编：×××

4.0.12　回弹法检测混凝土强度检测报告

回弹法检测混凝土强度

检　测　报　告

工程名称：×××工程

委托单位：××建设工程有限公司

检测日期：××年×月×日

（共 3 页，含本页）

检测单位：××建设工程质量检测中心

工程名称	××工程		委托日期	××年×月×日
委托单位	××建设工程有限公司		检测日期	××年×月×日
建设单位	××房地产开发有限公司		报告日期	××年×月×日
施工单位	××建筑工程有限公司		混凝土设计等级	C25
设计单位	××勘察设计研究院		混凝土输送方式	泵送
监理单位	××工程建设监理有限公司		水泥编号	××××-×××
监督单位	××市建设工程质量监督站		混凝土生产单位	××混凝土有限公司
检测原因	混凝土标准养护试件报告值小于标准值，不合格			
检测部位	一层剪力墙柱		检测方式	委托检验
回弹仪	生产厂家	××仪器厂	出厂编号	0254
	型号	ZC 3-A	检定证号	E2008-265
检测人员资质证书号		×××		
1	抽样构件数(件)		10	
2	测区总数量 n		100	
3	测区强度最小值(MPa)		26.1	
4	测区强度平均值(MPa)		29.6	
5	强度标准差(MPa)		2.14	
6	现龄期混凝土强度推定值(MPa)		26.1	
检验依据	《回弹法检测混凝土抗压强度技术规程》JGJ/T 23—2011			
备注	本报告未经本中心书面批准不得复制			

单位：××建设工程质量检测中心（公章）　　负责人：×××　　审核：×××　　试验：×××

报告编号：××××-×××　　　　　　　　　　　　　　　　　　　　本报告共3页　第3页

工程名称	××工程	委托日期	××年×月×日
委托单位	××建筑工程有限公司	检测日期	××年×月×日
建设单位	××房地产开发有限公司	报告日期	××年×月×日
施工单位	××建设工程有限公司	混凝土设计等级	C25
设计单位	××勘察设计研究院	混凝土输送方式	泵送
监理单位	××工程建设监理有限公司	水泥编号	××××-×××
监督单位	×××建设工程质量监督站	混凝土生产单位	××建设工程有限公司
检测原因	混凝土标准试块抗压强度不合格		
检测部位	一层柱及剪力墙	检测方式	批量检测

回弹仪	生产厂家	×××回弹仪器厂	出厂编号	0254
	型号	ZC3-A	检定证号	E2008-265

检测人员资质证书号		×××

构件号	构件名称	测区混凝土抗压强度换算值(MPa)			构件现龄期混凝土强度推定值(MPa)
		平均值	标准差	最小值	
1	一层1/F柱	30.0	1.99	27.0	26.7
2	一层9/B柱	30.6	1.43	28.2	28.2
3	一层3/F柱	29.4	1.37	28.0	27.1
4	一层12/A柱	29.3	1.02	29.0	27.6
5	一层2/D柱	28.6	2.04	27.1	25.2
6	一层13/B柱	29.6	1.77	27.8	26.7
7	一层2/A柱	33.2	2.99	28.6	28.3
8	一层14/D柱	28.0	1.04	26.1	26.3
9	一层3/BD剪力墙	29.2	1.39	27.7	26.9
10	一层17/F柱	28.3	0.72	27.2	27.1

检测依据	《回弹法检测混凝土抗压强度技术规程》JGJ/T 23—2011
备　注	本报告未经本中心批准复制无效

单位：××建筑工程质量检测中心（公章）　　负责人：×××　　审核：×××　　检测：×××

4.0.13 钻芯法检测混凝土抗压强度报告

钻芯法检测混凝土抗压强度报告

委托单位	××公司		委托日期	××年×月×日	
工程名称	××××综合楼		委托编号	××-××	
设计等级	C25		报告日期	××年×月×日	
依据标准	CECS 03:88		检测日期	××年×月×日	
检 测 结 果					
成型日期	原编号（部位）	试压龄期（d）	芯样尺寸(mm) 直径	芯样尺寸(mm) 高度	承压面积(mm²)	破坏荷载(kN)	抗压强度(MPa) 单块值	抗压强度(MPa) 代表值

成型日期	原编号（部位）	试压龄期（d）	直径	高度	承压面积（mm²）	破坏荷载（kN）	单块值	代表值
××年×月×日	一层①轴线剪力墙	50	150	151	17.663	450.4	25.5	25.8
			150	149	17.663	460.3	26.1	
			150	151	17.663	455.1	25.7	
备注	芯样在自然干燥状态下进行检测。							

签发：×××　　　　　　　　审核：×××　　　　　　　　检测：×××

Chapter 05

施 工 记 录

5.0.1 隐蔽工程检查记录

隐蔽工程检查记录（一）

工程名称	××工程	编　　号	×××
隐检项目	钢筋绑扎	隐检日期	××年×月×日
隐检部位	地上八层墙体　Ⓐ～Ⓒ/①～⑤轴线　25.40m 标高		

隐检依据:施工图号＿＿＿结施 3＿＿＿,设计变更/洽商/技术核定单(编号＿＿＿＿＿)及有关现行国家标准等。

主要材料名称及规格/型号:＿＿＿＿＿＿钢筋Φ6、Φ8、Φ12、Φ14＿＿＿＿＿＿

隐检内容:

    1. 钢筋表面清洁无锈,无污染物;

    2. 墙厚 300mm,墙体水平筋 HRB335Φ12@200 双排双向,拉筋Φ6@600×600,墙体钢筋采用搭接连接,搭接长度为49d(Φ12 取 588mm),搭接范围内绑扎 3 个螺距,3 道水平筋,接头错开 50%,接头中心错开 1.3 倍搭接长度(Φ12 取 765mm)。钢筋锚固长度为 35d(Φ12 取 420mm);

    3. 暗柱钢筋为 HRB335Φ14,箍筋为Φ8@200,采用搭接连接,搭接率为 50%,接头错开 500mm;

    4. 墙体保护层厚度为 15mm,柱保护层厚度为 30mm。采用塑料垫块,间距 600mm×600mm,梅花形布置,卡子开头向里;

    5. 钢筋交叉点绑扎牢固,无脱钩、顺螺纹和松动现象,墙体设控制截面和间距的横竖梯子铁定位,竖向梯子铁立筋为 HRB 335Φ14,代替墙竖向钢筋;

    6. 墙体水平筋距结构面 50mm 起步,立筋距暗柱主筋 50mm 起步,暗柱箍筋距结构面 50mm 起步。

检查结论:

    经检查钢筋品种、规格型号等符合设计要求,钢筋保护层、绑扎接头等符合施工质量验收规范的规定。

    ☑同意隐蔽　　　　　□不同意隐蔽,修改后复查

复查结论:

复查人:　　　　　　　　　　　　复查日期:

签字栏	施工单位	××建设集团有限公司	专业技术负责人	专业质检员	专业工长
			×××	×××	×××
	监理或建设单位	××工程建设监理有限公司	专业工程师		×××

隐蔽工程检查记录（二）

工程名称	××工程	编　号	×××
隐检项目	钢筋绑扎	隐检日期	××年×月×日
隐检部位	首层框架柱　Ⓐ～Ⓒ/①～⑤轴线　0.000～4.000m 标高		

隐检依据:施工图号＿＿＿结施3＿＿＿,设计变更/洽商/技术核定单(编号＿＿＿＿＿＿)及有关现行国家标准等。

主要材料名称及规格/型号:＿＿＿＿＿＿＿＿钢筋Φ30、Φ25、Φ12＿＿＿＿＿＿＿＿

隐检内容:

1. 钢筋表面清洁无锈,无污染物;

2. 柱规格为 800mm×800mm,角筋为 4Φ30,其余主筋为 16Φ25,箍筋为Φ12、Φ6 肢箍。箍筋弯钩 135°,平直段长度为 12cm。箍筋加密区长度为 800mm,加密区箍筋间距 100mm,非加密区箍筋间距为 150mm,角柱全程加密,梁柱核心区内钢筋加密,间距为 100mm。柱钢筋连接采用直螺纹接头。上下钢筋偏移不得超过 $0.1d$,接头轴线不得倾斜 4°以上。接头距地面高度大于 500mm;

3. 柱钢筋距结构面 50mm 高起步;

4. 柱保护层厚度为 30mm,使用塑料垫块,间距 600mm×600mm,梅花形布置;

5. 钢筋绑扎牢固,无脱螺纹及松动现象,柱顶设定位框。

检查结论:

经检查钢筋品种、规格型号等符合设计要求,钢筋保护层、绑扎接头等符合施工质量验收规范的规定。

☑同意隐蔽　　　　□不同意隐蔽,修改后复查

复查结论:

复查人:　　　　　　　　　　复查日期:

签字栏	施工单位	××建设集团有限公司	专业技术负责人	专业质检员	专业工长
			×××	×××	×××
	监理或建设单位	××工程建设监理有限公司	专业工程师		×××

隐蔽工程检查记录（三）

工程名称	××工程	编　号	×××
隐检项目	钢筋绑扎	隐检日期	××年×月×日
隐检部位	二层顶板、梁　　Ⓐ～Ⓒ/①～⑤轴线　　8.00m 标高		

隐检依据：施工图号＿＿＿结施3＿＿＿，设计变更/洽商/技术核定单（编号＿＿＿＿＿＿）及有关现行国家标准等。
主要材料名称及规格/型号：＿＿＿＿＿＿＿钢筋Φ12、Φ14、Φ16、Φ25、Φ28＿＿＿＿＿＿＿＿

隐检内容：
　　1. 钢筋表面清洁无锈，无污染物；
　　2. 钢筋规格及间距：板厚 200mm，上铁Φ12@200，下铁Φ14@180，板钢筋采用搭接连接，搭接长度为 49d（Φ12 为 588mm，Φ14 为 686mm），板筋上下层之间用焊接马凳支撑，马凳高度为 128mm。马凳间距 1000mm；
　　3. 梁规格为 600mm×800mm，上铁为 6Φ25，下铁为 10Φ28，下铁分两层，上层 2 根，下层 8 根，上下两层钢筋间距 28mm。腰筋为 4Φ16，每侧 2 根，间距 200mm，梁主筋连接采用直螺纹连接。箍筋为Φ12，加密区长度为 2000mm，加密区箍筋间距为 100mm，非加密区箍筋间距为 200mm；
　　4. 板保护层为 15mm，板筋下垫水泥砂浆垫块，垫块间距 1000mm，梅花形布置。梁保护层厚度 25mm，板下垫水泥砂浆垫块，沿梁方向垫两排；
　　5. 板钢筋由梁主筋外皮 50mm 处起步，梁箍筋由柱钢筋外皮 50mm 处起步；
　　6. 钢筋绑扎牢固，无脱螺纹及松动现象。

检查结论：
　　经检查钢筋品种、规格型号等符合设计要求，钢筋保护层、绑扎接头等符合施工质量验收规范的规定。

☑同意隐蔽　　　　　□不同意隐蔽，修改后复查

复查结论：

复查人：　　　　　　　　　　　复查日期：

签字栏	施工单位	××建设集团有限公司	专业技术负责人	专业质检员	专业工长
			×××	×××	×××
	监理或建设单位	××工程建设监理有限公司	专业工程师		×××

隐蔽工程检查记录（四）

工程名称	××工程	编　号	×××
隐检项目	钢筋接头(滚压直螺纹)	隐检日期	××年×月×日
隐检部位	地上二层墙柱　⑨～⑳/Ⓑ～①轴线　××标高		

隐检依据:施工图号　　结施1、结施4、结施9　　,设计变更/洽商/技术核定单(编号＿＿＿/＿＿＿)及有关现行国家标准等。

主要材料名称及规格/型号:Φ20、Φ22、Φ28直螺纹套筒;钢筋 HRB335Φ20、Φ22、Φ28

隐检内容:

　　1. 套筒、钢筋的合格证等质量证明文件齐全。套筒表面有规格标记,两端螺纹孔有保护盖;

　　2. 钢筋端头螺纹加工按照标准规定,且牙形逐个进行量规检查,有螺纹加工检验记录,经检验合格;

　　3. 连接钢筋时,钢筋规格和连接套的规格一致,钢筋螺纹的形式、螺距、螺纹外径与连接套匹配,并确保钢筋和连接套的丝扣干净,完好无损;

　　4. 柱主筋＞Φ18时,采用滚压直螺纹,钢筋接头位置错开≥900mm,受压区同一截面接头的接头百分率不大于50%;

　　5. 接头拼接完成后,应使两个丝头在套筒中央位置互相顶紧,套筒每端不得有1扣以上的完整丝扣外露,经力矩扳手抽样检验全部合格;

　　隐检内容已做完,请予以检查。

检查结论:

　　经检查套筒的规格、型号以及钢筋的品种、规格符合设计要求,钢筋连接符合《钢筋机械连接技术规程》JGJ 107—2010 的规定,同意进入下道工序。

　　☑同意隐蔽　　　　□不同意隐蔽,修改后复查

复查结论:

复查人:　　　　　　　　　　　复查日期:

签字栏	施工单位	××建设集团有限公司	专业技术负责人	专业质检员	专业工长
			×××	×××	×××
	监理或建设单位	××工程建设监理有限公司	专业工程师		×××

5.0.2 交接检查记录

交接检查记录		资料编号	×××
工程名称	××工程		
移交单位名称	×××	接收单位名称	×××
交接部位	地下一层水泵房水泵基础	检查日期	××年×月×日
交接内容： 检查××建设集团有限公司施工的水泵房内水泵基础的坐标、标高、几何尺寸、预留螺栓孔的尺寸情况以及基础混凝土强度等项目。			
检查结果： 经双方检查，水泵基础坐标、标高均符合设计和施工质量验收规范的要求。基础长 1500mm，宽 700mm，高 350mm，符合水泵产品说明书的要求。预留螺栓孔的深度、大小符合水泵产品要求。基础混凝土强度已达到设计要求。 双方同意移交。由××机电工程有限公司接收并进行成品保护，可以进行水泵稳装施工工序的施工。			
复查意见： 复查人：　　　　　　　　复查日期：			
签字栏	移交单位	接收单位	
	×××	×××	

注：本表由移交单位填写。

5.0.3 施工检查记录（通用）

施工检查记录(通用)		资料编号	×××
工程名称	××工程	检查项目	砌筑工程
检查部位	三层①～⑫/⑧～⑩轴墙体	检查日期	××年×月×日

检查依据：
1. 施工图纸:结施 1、结施 5;
2.《砌体工程施工质量验收规范》GB 50203—2011。

检查内容：
　　瓦工班 15 人砌筑①～⑫/⑧～⑩轴填充墙,材料采用蒸压加气混凝土砌块。在填充墙砌体施工过程中,严格按设计要求留设构造柱,填充墙与构造柱之间以 φ6 拉结筋连接。该部位填充墙于当日全部砌筑完成。

检查结论：
　　质检员检查时发现一处填充墙砌筑不合格(⑥/⑩～⑥轴　卧室)。经实测,该处墙体的垂直度、表面平整度的检查点实际偏差超过允许偏差的 1.5 倍,拉结筋埋入每边墙的长度小于 500mm,不符合规范要求,已责令瓦工班进行返工处理。

复查意见：
　　经检查:⑥/⑩～⑥轴卧室处填充墙返工重新砌筑,检查内容已整改完成,符合设计要求及《砌体工程施工质量验收规范》GB 50203—2011 规定。

复查人：×××　　　　　　复查日期：××年×月×日

施工单位	北京××建筑有限公司	
专业技术负责人	专业质检员	专业工长
×××	×××	×××

注：本表由施工单位填写。

5.0.4 混凝土原材料称量记录

混凝土原材料称量记录

工程名称		××工程							强度等级		C30	
部位		五层墙体 ①~⑫/Ⓐ~Ⓖ轴	施工日期			××年×月×日 13时至 ××年×月×日 17时							

现场配合比	原材料		水泥	石	砂	水	掺合料		外加剂		
							FA		SA-1		
	每盘用量(kg)		100	345	272	43	32		4		
	规范规定允许偏差率(%)		±2	±3	±3	±2	±2		±2		
	按允许偏差率计算每盘允许偏差量(±)(kg)		2	10.35	8.16	0.86	0.64		0.08		

施工现场每盘实际称量偏差记录(±)(kg)

序号	水泥	石	砂	水	掺合料	外加剂
1	1	4	3	0.5	0.1	−0.03
2	1	3	4	−0.1	−0.2	0.02
3	−1	6	7	0.3	0.2 0.02	
4	0.5	5	5	0.3	0.5	0.05

设计配合比	原材料	水泥	石	砂	水	掺合料	外加剂
						FA	SA-1
	每盘用量(kg)	100	345	260	59	32	4

司磅员：×××　　　　监理员：×××　　　　　　第 1 页　共 1 页

注：1. 按设计配合比报告计算出每盘原材料的设计配合比用量，填入相应栏内。

　　2. 按施工现场材料的含水量调整出每盘原材料现场配合比用量，填入相应栏内。

　　3. 每盘原材料的称量偏差必须在允许偏差范围之内。

　　4. 使用掺合料、外加剂时，在相应栏中填入所用的材料名称，如粉煤灰、早强剂等。

5.0.5 混凝土坍落度现场检查记录

混凝土坍落度现场检查记录						编号		×××
工程名称及浇筑部位		××工程 3层①轴～④轴顶板				浇筑日期		××年×月×日
混凝土强度等级		C25	设计坍落度(mm)		18±2	申请方量(m³)		36
序号	车号	方量(m³)	到场时间	抽测时间		实测坍落度(mm)	偏差值(mm)	备注
				时	分			
1	10	6	11:23	11	24	19		
签字栏	施工单位		××建筑工程公司××项目部					
	技术负责人		专业工长			记录人员		
	×××		×××			×××		

5.0.6　混凝土外观质量一般缺陷处理记录

混凝土外观质量一般缺陷处理记录

工程名称	××工程	工程部位	二层	验收日期	××年×月×日

缺陷情况：

1. ④~⑤与Ⓐ~Ⓑ间现浇板板底角有蜂窝，面积为 200mm×120mm，深度为 14mm；
2. ⑦/Ⓑ交点构造柱柱头夹渣，长度为 80mm，深度为 10mm。

处理的技术措施：

1. 现浇板蜂窝处，将不密实混凝土剔凿干净，用钢丝刷将松动砂石清理掉，提前 24h 用水润湿，表面用界面剂进行处理，再用高强度等级砂浆抹平、压实，并用保温材料进行养护。
2. 构造柱柱头夹渣处，将杂物清理干净，并将混凝土表面浮浆剔掉，将夹渣处剔成外大内小的楔形形状。提前 24h 用水润湿，涂刷界面剂，用高强度等级水泥砂浆进行抹平、压实，并用保温材料保温养护。

处理结果：

1. 现浇板蜂窝处理后表面平整，与原混凝土接触密实，无空鼓及开裂现象；
2. 构件柱夹渣处理后表面平整、密实，无开裂现象。

验收意见：

1. 现浇板蜂窝处理表面平整、密实，达到规范要求；
2. 构造柱夹渣处理后接缝无开裂现象，表面平整、密实，达到规范要求。

监理(建设)单位		施工单位		
监理工程师	总监理工程师	单位工程技术负责人	施工员	质检员
×××	×××	×××	×××	×××

5.0.7 混凝土外观质量严重缺陷处理记录

混凝土外观质量严重缺陷处理记录

工程名称	××工程	工程部位	一层

缺陷情况:
1. ②/⑧承重柱根存在孔洞,面积为 40mm×80mm,深度为 50mm;
2. 东 2 单元西户 L-1 支座处梁角混凝土振捣不实,主筋 2 根露筋,露筋长度为 120mm。

处理的技术措施:
1. 对承重柱混凝土孔洞进行剔凿,将不密实的混凝土凿掉,并将孔洞凿成一定形状,以便于混凝土浇筑。支倾斜敞口侧模,用高一强度等级的细石混凝土浇筑,并掺加微膨胀剂。浇筑前 24h 浇水润湿,浇筑混凝土时用小振捣棒振捣密实。浇筑完挂薄海绵进行养护,要定时浇水确保混凝土表面润湿,时间不少于 7d;
2. 东 2 单元西户 L-1 支座处梁角混凝土振捣不实,将不密实混凝土剔掉,将浮砂清理干净。用环氧树脂砂浆进行修补,必须保证环氧树脂砂浆密实。

施工单位技术负责人:×××
监理单位意见:同意按此方案进行处理
监理工程师:×××   总监理工程师:×××   监理单位(公章)
　　　　　　　　　　　　　　　　　　　　　　　　　　　　　　　　　　　××年×月×日

处理结果:
1. 承重柱孔洞新旧混凝土接触密实,无缝隙,修补混凝土表面平整、密实,未改变截面尺寸;
2. 环氧树脂砂浆修补与原混凝土接触密实,无缝隙,环氧树脂砂浆密实,表面平整,未改变截面尺寸。

验收意见:
经检查,混凝土缺陷处理后未改变截面尺寸,混凝土之间及与环氧树脂砂浆间的接缝密实,无裂缝及空鼓现象,后补混凝土及环氧树脂砂浆密实,强度符合要求。

施工单位负责人:×××   监理工程师:×××   总监理工程师:×××
　　　　　　　　　　　　　　　　　　　　　　　　　　　　　　　　　　　××年×月×日

5.0.8 同条件养护试块测温记录

同条件养护试块测温记录

编号：××

工程名称			××工程	混凝土浇筑量	30m³
序号	日期	试块代表部位	平均养护温度 (℃)	等效养护龄期 累计(d)	累计养护温度 (℃·d)
1	2008.5.27	首层柱⑦～⑪/Ⓑ～Ⓔ轴	15	1	15
2	2008.5.28	首层柱⑦～⑪/Ⓑ～Ⓔ轴	18	2	33
3	2008.5.29	首层柱⑦～⑪/Ⓑ～Ⓔ轴	18.5	3	51.5
4	2008.5.30	首层柱⑦～⑪/Ⓑ～Ⓔ轴	19.5	4	71
5	2008.5.31	首层柱⑦～⑪/Ⓑ～Ⓔ轴	20.25	5	91.25
6	2008.6.1	首层柱⑦～⑪/Ⓑ～Ⓔ轴	19.5	6	110.75
7	2008.6.2	首层柱⑦～⑪/Ⓑ～Ⓔ轴	19.25	7	130
8	2008.6.3	首层柱⑦～⑪/Ⓑ～Ⓔ轴	21.5	8	151.5
9	2008.6.4	首层柱⑦～⑪/Ⓑ～Ⓔ轴	18.75	9	170.25
10	2008.6.5	首层柱⑦～⑪/Ⓑ～Ⓔ轴	18.25	10	188.5
11	2008.6.6	首层柱⑦～⑪/Ⓑ～Ⓔ轴	13.5	11	202
12	2008.6.7	首层柱⑦～⑪/Ⓑ～Ⓔ轴	13.75	12	215.75
13	2008.6.8	首层柱⑦～⑪/Ⓑ～Ⓔ轴	14.75	13	230.5
14	2008.6.9	首层柱⑦～⑪/Ⓑ～Ⓔ轴	13.75	14	244.25
15	2008.6.10	首层柱⑦～⑪/Ⓑ～Ⓔ轴	13.75	15	258
16	2008.6.11	首层柱⑦～⑪/Ⓑ～Ⓔ轴	15.25	16	273.25
17	2008.6.12	首层柱⑦～⑪/Ⓑ～Ⓔ轴	18	17	291.25
18	2008.6.13	首层柱⑦～⑪/Ⓑ～Ⓔ轴	19.5	18	310.75
19	2008.6.14	首层柱⑦～⑪/Ⓑ～Ⓔ轴	23.25	19	334
20	2008.6.15	首层柱⑦～⑪/Ⓑ～Ⓔ轴	22.75	20	356.75
21	2008.6.16	首层柱⑦～⑪/Ⓑ～Ⓔ轴	22.75	21	375.5
22	2008.6.17	首层柱⑦～⑪/Ⓑ～Ⓔ轴	19.5	22	399
23	2008.6.18	首层柱⑦～⑪/Ⓑ～Ⓔ轴	19.75	23	418.75
24	2008.6.19	首层柱⑦～⑪/Ⓑ～Ⓔ轴	18.75	24	437.5
25	2008.6.20	首层柱⑦～⑪/Ⓑ～Ⓔ轴	17.25	25	454.75
26	2008.6.21	首层柱⑦～⑪/Ⓑ～Ⓔ轴	18.25	26	473
27	2008.6.22	首层柱⑦～⑪/Ⓑ～Ⓔ轴	20.75	27	493.75
28	2008.6.23	首层柱⑦～⑪/Ⓑ～Ⓔ轴	20.75	28	514.5
29	2008.6.24	首层柱⑦～⑪/Ⓑ～Ⓔ轴	18.5	29	533
30	2008.6.25	首层柱⑦～⑪/Ⓑ～Ⓔ轴	18	30	551
31	2008.6.26	首层柱⑦～⑪/Ⓑ～Ⓔ轴	17.5	31	568.5
32	2008.6.27	首层柱⑦～⑪/Ⓑ～Ⓔ轴	15.75	32	584.25
33	2008.6.28	首层柱⑦～⑪/Ⓑ～Ⓔ轴	18.5	33	602.75
测温人(签字)		×××	记录人(签字)	×××	技术负责人(签字) ×××

注：平均气温低于0℃时，不计入等效养护龄期；平均养护温度宜取每日2时、8时、14时、20时四次实测温度
的平均值；等效养护龄期的取值范围宜在14～60d之间；逐日累计养护温度达到600℃·d时，方可对同条
件养护试块进行强度试验。

5.0.9 混凝土浇筑申请书

<table>
<tr><td colspan="2" align="center">混凝土浇筑申请书</td><td align="center">资料编号</td><td align="center">×××</td></tr>
<tr><td>工程名称</td><td>××工程</td><td>申请浇筑日期</td><td>××年×月×日8时</td></tr>
<tr><td>申请浇筑部位</td><td>地上五层⑨～⑮/①～Ⓟ轴墙柱</td><td>申请方量(m³)</td><td>89</td></tr>
<tr><td>技术要求</td><td>坍落度180mm,初凝时间2h</td><td>强度等级</td><td>C45</td></tr>
<tr><td>搅拌方式
(搅拌站名称)</td><td>××混凝土公司</td><td>申请人</td><td>×××</td></tr>
<tr><td colspan="4">依据:施工图纸(施工图纸号_____结施9_____)、设计变更/洽商(编号_____/_____)和有关规范、规程。</td></tr>
<tr><td colspan="2" align="center">施工准备检查</td><td align="center">专业工长
(质量员)签字</td><td align="center">备　注</td></tr>
<tr><td colspan="2">1. 隐检情况:☑已 □ 未完成隐检。</td><td align="center">×××</td><td></td></tr>
<tr><td colspan="2">2. 预检情况:☑已 □ 未完成预检。</td><td align="center">××</td><td></td></tr>
<tr><td colspan="2">3. 水电预埋情况:☑已 □ 未完成并未经检查。</td><td align="center">×××</td><td></td></tr>
<tr><td colspan="2">4. 施工组织情况:☑已 □ 未完备。</td><td align="center">×××</td><td></td></tr>
<tr><td colspan="2">5. 机械设备准备情况:☑已 □ 未准备。</td><td align="center">××</td><td></td></tr>
<tr><td colspan="2">6. 保温及有关准备:☑已 □ 未完备。</td><td align="center">×××</td><td></td></tr>
<tr><td colspan="2"></td><td></td><td></td></tr>
<tr><td colspan="4">审批意见:
　　原材料、机械设备及施工人员已就位。
　　施工方案及技术交底工作已落实。
　　计量设备已准备完毕。
　　各种隐检、水电预埋工作已完成。

审批结论:☑同意浇筑　□　整改后自行浇筑　□　不同意,整改后重新申请
审批人:×××　　　　　　　　审批日期:××年×月×日
施工单位名称:××建设集团有限公司</td></tr>
</table>

注:1. 本表由施工单位填写。
　　2. "技术要求"栏应依据混凝土合同的具体要求填写。

5.0.10　混凝土开盘鉴定

混凝土开盘鉴定						编号	×××	
工程名称及部位	××工程 四层①～⑤/Ⓙ～Ⓝ轴框架柱					鉴定编号	×××	
施工单位	×××项目部					搅拌方式	强制式搅拌机	
强度等级	C35					要求坍落度(mm)	160～180	
配合比编号	××××-0682					试配单位	××中心实验室	
水灰比	0.46					砂率(%)	42	
材料名称	水泥	砂	石	水		外加剂	掺合料	
每1m³用料(kg)	323	773	1053	180		8.7	91	
调整后每盘用料(kg)	砂含水率　5.4%　　　　石含水率　0.2%							
	162	407	528	68		44	46	
鉴定结果	鉴定项目	混凝土拌合物性能			混凝土试块抗压强度 (MPa)		原材料与申请单 是否相符	
		坍落度(mm)	保水性	黏聚性				
	设计	160～180			42.2		相符合	
	实测	170	良好	合格				

鉴定结论:
　　混凝土配合比中,组成材料与现场施工所用材料相符合,混凝土拌合物性能满足要求。
　　同意 C35 混凝土开盘鉴定结果,鉴定合格。

建设(监理)单位	混凝土试配单位负责人	施工单位技术负责人	搅拌机组负责人
×××	×××	×××	×××
鉴定日期	××年×月×日		

5.0.11 混凝土拆模申请单

混凝土拆模申请单		资料编号	××××
工程名称	××工程		
申请拆模部位	地上二层①~⑨/⑧~⑥轴顶板、梁		
混凝土强度等级 C25	混凝土浇筑完成时间 ××年×月×日	申请拆模日期	××年×月×日

构件类型 (注:在所选择构件类型的□内划"√")				
□墙	□柱	板: □跨度≤2m ☑2m<跨度≤8m □跨度>8m	梁: ☑跨度≤8m □跨度>8m	□悬壁构件

拆模时混凝土强度要求	龄期 (d)	同条件混凝土抗压强度 (MPa)	达到设计强度等级 (%)	强度报告编号
应达到设计强度75% (或__MPa)	18	21.5	86	××-01880

审批意见:

　　地上二层①~⑨/⑧~⑥轴顶板、梁的同条件养护试件强度达到设计强度等级的86%(附同条件混凝土强度报告),符合《混凝土结构工程施工质量验收规范》GB 50204—2015规定,同意拆模。

批准拆模日期:××年×月×日

施工单位	××建设集团有限公司	
专业技术负责人	专业质检员	申请人
×××	×××	×××

注:本表由施工单位填写。

混凝土搅拌测温记录								资料编号		×××	
工程名称				×× 工程							
混凝土强度等级				C25				坍落度		80mm	
水泥品种及强度等级				P · O 42.5				搅拌方式		机械	
测温时间				大气温度(℃)	原材料温度(℃)				出罐温度(℃)	入模温度(℃)	备注
年	月	日	时		水泥	砂	石	水			
××	12	1	10	+5	+5	+16	+4	+62	+18	+16	现场搅拌
××	12	1	12	+6	+5	+15	+4	+61	+18	+16	现场搅拌
××	12	1	14	+8	+5	+12	+5	+65	+20	+17	现场搅拌
××	12	1	16	+6					+18	+15	预拌混凝土
××	12	1	18	+5					+19	+16	预拌混凝土
××	12	1	20	+2					+17	+15	预拌混凝土
××	12	1	22	0					+18	+16	预拌混凝土
××	12	1	24	−2					+19	+16	预拌混凝土
施工单位				×× 建设集团有限公司							
专业技术负责人				专业质检员				记录人			
×××				×××				×××			

注：本表由施工单位填写。

5.0.12 混凝土搅拌测温记录

混凝土搅拌测温记录															资料编号		×××	
工程名称								×× 工程										
部　　位			二层Ⅰ段内墙					养护方法			综合蓄热法			测温方式			温度计		
测温时间			大气温度(℃)	各测孔温度(℃)												平均温度(℃)	间隔时间(h)	成熟度	
月	日	时		1#	2#	3#	4#	5#	6#	7#	8#	9#	10#	11#	12#			本次	累计
12	1	10	+5	14	13	15	16	14	13	12	14	16	13	13	12	13.5			
12	1	12	+6	14	12	14	15	14	12	12	13	15	13	12	12	13.1	2	56.6	56.6
12	1	14	+8	12	12	13	15	13	12	11	13	14	12	12	11	12.1	2	55.2	111.8
12	1	16	+6	11	12	11	14	13	11	11	12	13	12	12	10	11.8	2	53.9	165.7
12	1	18	+5	11	11	10	13	12	11	10	11	13	11	11	10	11.1	2	52.9	218.6
12	1	20	+2	10	9	10	12	11	10	9	11	12	10	11	9	10.4	2	51.5	270.1
12	1	22	0	9	9	9	11	11	10	9	10	11	10	10	9	9.8	2	50.2	320.3
12	1	24	−2	9	8	9	10	10	9	9	10	11	9	9	8	9.2	2	49	369.3
12	2	2	−3	7	6	8	8	9	8	7	9	10	7	8	7	7.8	2	47	416.3
施工单位				××建设集团有限公司														
专业技术负责人				专业工长									测温员					
×××				×××									×××					

注：本表由施工单位填写。

5.0.13 混凝土养护测温记录

混凝土养护测温记录							资料编号			×××	
工程名称			××工程				施工单位			××建设集团有限公司	
测温部位			一层①~⑤/⑧~⑤轴底板				测温方式	温度计		养护方法	综合蓄热法
测温时间			大气温度（℃）	入模温度（℃）	孔号	各测温孔温度（℃）		$t_中-t_上$（℃）	$t_中-t_下$（℃）	$t_气-t_上$（℃）	内外最大温差记录（℃）	裂缝宽度（mm）
月	日	时										
12	3	10	−2	15	8	上	17	3		19	16	无
						中	20					
						下						
12	3	12	−1	15	8	上	18	4		19	15	无
						中	22					
						下						
						上						
						中						
						下						
						上						
						中						
						下						
						上						
						中						
						下						
						上						
						中						
						下						
						上						
						中						
						下						

审核意见：
　　混凝土测温点布置正确，测温措施控制严格，经测温计算各项数据符合设计及规范要求。

施工单位	××建设集团有限公司		
专业技术负责人	专业工长		测温员
×××	×××		×××

注：本表由施工单位填写。

5.0.14　大体积混凝土养护测温记录

大体积混凝土养护测温记录						资料编号			×××
工程名称	××工程					施工单位			××建设集团有限公司
测温部位	一层①～⑤/Ⓑ～Ⓔ轴底板					测温方式	温度计	养护方法	综合蓄热法
测温时间	大气温度(℃)	入模温度(℃)	孔号	各测温孔温度(℃)		$t_中-t_上$ (℃)	$t_中-t_下$ (℃)	$t_气-t_上$ (℃)	内外最大温差记录(℃)	裂缝宽度(mm)
月 日 时										
12 3 10	−2	15	8	上 17 / 中 20 / 下		3		19	16	无
12 3 12	−1	15	8	上 18 / 中 22 / 下		4		19	15	无

审核意见：
混凝土测温点布置正确，测量措施控制严格，经测温计算各项数据符合设计及规范要求。

施工单位	××建设集团有限公司		
专业技术负责人	专业工长		测温员
×××	×××		×××

注：本表由施工单位填写。

5.0.15　构件吊装记录

构件吊装记录							资料编号	××××
工程名称			××工程					
使用部位			一层大厅			吊装日期		××年×月×日
序号	构件名称及编号	安装位置	安装检查					备注
			搁置与搭接尺寸	接头(点)处理	固定方法	标高检查		
1	钢梁 GL2c	Ⓔ～Ⓕ/④～⑤轴	合格	喷砂	高强度螺栓	合格		
2	钢梁 GL2b	Ⓔ～Ⓗ/④～⑤轴	合格	喷砂	高强度螺栓	合格		
3	钢梁 GL2	Ⓔ～Ⓗ/④～⑤轴	合格	喷砂	高强度螺栓	合格		
4	钢梁 GL2a	Ⓔ～Ⓗ/④～⑤轴	合格	喷砂	高强度螺栓	合格		
结论：　合格。								
施工单位			××钢结构工程有限公司					
专业技术负责人			专业质检员			记录人		
××××			××××			××××		

注：本表由施工单位填写。

166

5.0.16　清水混凝土模板安装检查表

清水混凝土模板安装检查表

使用部位		三层	施工时间	××年×月×日
施工班组		××组	模板数量	××
项次	检查内容	要求	检查情况及处理结果	检查人
1	基层及杂物	清理干净	√	×××
2	模板编号及控制线	符合施工方案要求	√	×××
3	明缝条安装情况	位置正确,咬合紧密	√	×××
4	模板拼缝偏差	不大于2mm	√	×××
5	明缝及模板拼缝防漏浆措施	海绵条粘贴严密	√	×××
6	大模板之间拼缝交圈情况	不大于5mm/10m	√	×××
7	模板重直度	不大于3mm	√	×××
8	模板就位后保护层厚度检查	符合规范要求	√	×××
9	堵头是否贴海绵垫	符合施工方案要求	√	×××
10	隔离剂涂刷情况	符合施工方案要求	√	×××
11	面板几何尺寸	±2mm	√	×××
12	阴阳角方正	3mm	√	×××
13	阴阳角顺直	3mm	√	×××
14	预留洞口中心线偏移	5mm	√	×××
15	预留洞口尺寸	+5mm,0	√	×××
16	门窗洞口中心线位移	3mm	√	×××
17	门窗洞口宽、高	±5mm	√	×××
18	门窗洞口对角线	3mm	√	×××

5.0.17 焊接材料烘焙记录

焊接材料烘焙记录						资料编号		×××	
工程名称		××工程							
焊材牌号	E 4303	规格(mm)	3.2×350	焊材厂家		××材料厂			
钢材材质	热轧带肋 HRB 335	烘焙方法	电炉烘干法	烘焙日期		××年×月×日			
序号	施焊部位	烘焙数量(kg)	烘焙要求				保温要求		备注
			烘干温度(℃)	烘干时间(h)	实际烘焙		降至恒温(℃)	保温时间(h)	
					烘焙日期	从时分	至时分		
1	三层①~⑨/Ⓐ~Ⓓ 轴框架柱	20	265	1	××年×月×日	8:30	9:30	30	0.5
说明: 1. 焊接、焊条等在使用前,应按产品说明书及有关工艺文件规定的技术要求进行烘干; 2. 焊接材料烘干后应存放在保温箱内,随用随取,焊条由保温箱(筒)取出到施焊的时间不得超过 2h,酸性焊条不宜超过 4h,烘干温度 250~300℃。									
施工单位		××建设集团有限公司							
专业技术负责人		专业质检员			记录人				
×××		×××			×××				

注:本表由施工单位填写。

5.0.18 钢筋机械连接接头加工检查记录

钢筋机械连接接头加工检查记录

工程名称	××工程	施工单位	××建设工程有限公司
使用结构部位	一层框架柱	接头加工数量	××

检 查 内 容
1. 钢材的品种及规格:热轧带肋钢筋 HRB 335 Φ22、Φ25、Φ28
2. 接头螺纹外径及螺纹外观质量:Φ22:21.6mm;Φ25:24.6mm;Φ28:27.6mm;螺纹外观质量合格
3. 接头螺纹加工长度:Φ22:32mm;Φ25:35mm;Φ28:38mm
4. 接头外露丝扣:无
5. 接头同轴度:符合要求
6. 其他: —
7. 接头的型式检验:单向拉伸试验、高应力反复拉压试验、大变形反复拉压试验所检测的项目均符合《钢筋机械连接技术规程》JGJ 107—2010 中规定的"Ⅰ"级性能要求。

检查结论	合格。

施工单位	项目技术负责人:××× 工种负责人:××× 记录人:××× ××年×月×日	监理 (建设) 单位	监理工程师(建设单位代表): ××× ××年×月×日

5.0.19　钢筋焊接连接接头检查记录

钢筋焊接连接接头检查记录

工程名称	××工程	施工单位	××建设工程有限公司
结构部位	三层柱	接头数量	180个

<table>
<tr><td colspan="4" align="center">检查内容</td></tr>
<tr><td colspan="4">1. 接头的种类、形式:钢筋电渣压力焊接头</td></tr>
<tr><td colspan="4">2. 接头钢材的品种及规格:热轧带肋钢筋　HRB 335　Φ18</td></tr>
<tr><td colspan="4">3. 接头位置及同一连接区段接头百分率:25%</td></tr>
<tr><td colspan="4">4. 连接材料情况:焊剂　HJ431型</td></tr>
<tr><td colspan="4">5. 接头长度:300mm</td></tr>
<tr><td colspan="4">6. 接头外观质量:
　焊包较均匀,突出部分最少高出钢筋表面4mm,无气孔,无烧边,无焊包下流现象。焊渣清理干净。钢筋与电极接触处表面无明显的烧伤等缺陷。接头处钢筋轴线的偏移不超过钢筋直径的10%,同时不大于2mm。接头外的弯折角不大于3°。</td></tr>
<tr><td colspan="4">7. 连接区段箍筋设置:Φ10@100</td></tr>
<tr><td colspan="4">8. 其他:　　　—</td></tr>
<tr><td colspan="4">9. 接头试验单编号及试验结果:
　接头试验单编号:××××-××,试验结果合格</td></tr>
<tr><td>检查结论</td><td colspan="3">合格。</td></tr>
<tr><td rowspan="2">施工单位</td><td colspan="2">项目技术负责人:×××
工种负责人:×××
记录人:×××</td><td rowspan="2">监理
(建设)
单位</td></tr>
</table>

项目技术负责人:×××　工种负责人:×××　记录人:×××

监理工程师(建设单位代表):×××

施工单位　　　　　　　　　　　　××年×月×日

监理(建设)单位　　　　　　　　××年×月×日

5.0.20 预拌混凝土施工记录

预拌混凝土施工记录

天气：晴　　　　气温　26℃

工程名称	××综合楼工程			第一层	①～⑫/Ⓐ～Ⓖ轴
施工单位	××建设工程有限公司	施工班组	混凝土班组	标高	5.800m 顶板梁
混凝土强度等级、抗渗等级	C:35 S:/	配合比报告编号	××××-××	当班浇捣量(m³)	110
商品混凝土生产厂名称	××混凝土有限公司	质量证明文件是否齐全	齐全	实测坍落度(mm)	130
当班开始时间	××年×月×日×时×分	停歇时间	1. 不间断 2. 从 时 分停止 　至 时 分开始	当班终止时间	××年×月×日×时×分
模板及支撑体系是否已验收,是否牢固,是否可能漏浆	已验收,具有足够承载能力、刚度和稳定性,板间接缝采用海绵条防止漏浆	钢筋及其他预埋、预留是否已验收	已验收,符合设计要求	原材料是否已验收,是否符合要求	已验收,符合要求
钢筋定位措施是否可靠(板负筋及底筋、柱插筋、预留筋)	定位措施可靠	是否已有控制板标高、厚度的措施	拉对角水平线控制	模板是否已涂隔离剂,已淋湿,已清理干净	符合要求
振捣方式	插入式(　√　),平板式(　　　　)				
中途有否停歇	—	停歇部位	—	停歇原因	—
施工缝(如果有)位置	—	施工缝处理方法	—		
标准养护试块	编号:×× 28d强度:47.3MPa	同条件养护试块	编号:×× 28d强度:39.1MPa	拆模判别试块	编号:×× 拆模时强度:29.8MPa
初次淋水养护时间	××年×月×日×时×分	覆盖养护措施	铺麻袋片浇水养护	结束养护时间	××年×月×日结束,共7d
拆侧模日期	预计:××年×月×日 实际:××年×月×日			拆底模日期	预计:××年×月×日 实际:××年×月×日
其他情况(包括事故处理,必要时附图):					
振捣手: (签名) ×××	施工缝处理人: (签名) ×××	班组长: (签名) ×××	值班质量检查员: (签名) ×××		旁站监理员: (签名) ×××

注:"第 层,标高 m"栏是施工部位,上栏以轴号表明范围,下栏填写浇捣的具体内容,如楼面、柱、墙或其他构件。

5.0.21 预应力筋张拉记录

预应力筋张拉记录（一）		编 号	×××
工程名称	××工程	张拉日期	××年×月×日
施工部位	地上二层预应力板⑤～⑥轴	预应力筋规格及抗拉强度	Φ15.24mm 1860MPa

预应力张拉程序及平面示意图：

　　预量预应力筋长度　安装锚具　装千斤顶,开始张拉　预应力达到1.03σ_{con}　顶紧锚具　退出千斤顶　量预应力筋长度　实测伸长值与计算伸长值比较

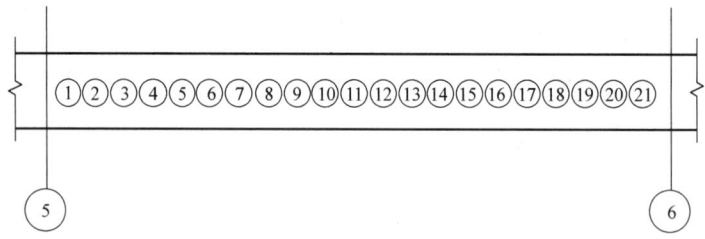

□有　☑无附页

张拉端锚具类型		固定端锚具类型	夹片式
设计控制应力(MPa)	1302	实际张拉力(kN)	187.7
千斤顶编号	012	压力表编号	051
	—		—
混凝土设计强度(%)	C35	张拉时混凝土实际强度	140

预应力筋计算伸长值：180mm

预应力筋伸长值范围：−5%～+10%

施工单位	××建设集团有限公司		
专业技术负责人	专业质检员		记录人
×××	×××		×××

预应力筋张拉记录(二)								编　号		×××
工程名称		××工程				张拉日期				××年×月×日
施工部位		地上二层预应力板筋⑤～⑥轴								
张拉顺序编号	计算值	预应力筋张拉伸长实测值(cm)								备注
		一端张拉			另一端张拉			总伸长		
		原长 L_1	实长 L_2	伸长 ΔL	原长 L_1'	实长 L_2'	伸长 $\Delta L'$			
1	18.0	48.0	65.0	17.0	133.5	135.0	1.5	18.5		
2	18.0	45.8	66.0	20.2	137.6	136.5	−1.1	19.1		
3	18.0	45.6	67.0	21.4	140.5	136.8	−3.7	17.7		
4	18.0	35.5	55.0	19.5	152.9	151.5	−1.4	18.1		
5	18.0	38.8	60.0	21.2	136.1	132.5	−3.6	17.6		
6	18.0	58.0	75.5	17.5	119.0	119.1	0.1	17.6		
7	18.0	40.3	60.1	19.8	141.6	139.2	−2.4	17.4		
8	18.0									
9	18.0	53.0	74.0	21.0	121.6	118.2	−3.4	17.6		
10	18.0	68.5	85.2	16.7	109.8	110.5	0.7	17.4		
☑有 □无见证		见证单位		××公司		见证人		×××		
施工单位		××建设集团有限公司								
专业技术负责人		专业质检员				记录人				
×××		×××				×××				

5.0.22 有粘结预应力结构灌浆记录

有粘结预应力结构灌浆记录		编 号	×××
工程名称	××工程	灌浆日期	××年×月×日
施工部位	首层①～⑪/Ⓐ～Ⓕ轴预应力框架梁		
灌浆配合比	0.35	灌浆要求压力值(MPa)	0.4～0.6
水泥强度等级	P·O42.5	进厂日期 ××年×月×日	复试报告编号 ××××-0108

灌浆点简图与编号：

1. 灌浆点简图

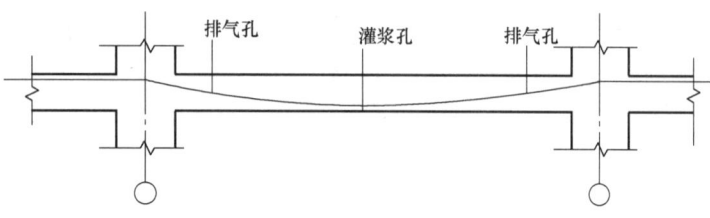

2. 灌浆点编号由梁号、预应力筋编号和每道梁中对应的孔道顺序号组成。

灌浆点编号	灌浆压力值(MPa)	灌浆量(L)	灌浆点编号	灌浆压力值(MPa)	灌浆量(L)
YKL-2-1①1	0.44	93.6	YKL-2-7④1	0.44	42.0
YKL-2-2①1	0.46	93.5	YKL-2-8④1	0.44	41.8
YKL-2-3②1	0.40	68.8	YKL-2-9⑫1	0.40	85.9
YKL-2-3③1	0.44	71.1			
YKL-2-4②1	0.46	68.7			
YKL-2-4③1	0.42	71.0			
YKL-2-5①1	0.44	93.7			
YKL-2-6④1	0.40	42.1			

备注：

施工单位	××建设集团有限公司	
专业技术负责人	专业质检员	记录人
×××	×××	×××

5.0.23 预应力筋封锚记录

预应力筋封锚记录

工程名称	××大厦	记录日期	××年×月×日
施工单位	××建设工程有限公司	结构部位	二层①～⑪/Ⓐ～Ⓕ轴预应力框架

封锚处理 简图及说明	灌浆完成后,及时对锚具进行防护处理或浇筑封锚混凝土,对封锚混凝土加强养护,并符合下列规定: 　1. 应采取防止锚具腐蚀和遭受机械损伤的有效措施; 　2. 凸出式锚固端锚具的保护层厚度不应小于 50mm; 　3. 外露预应力筋的保护层厚度:在正常环境时,不应小于 20mm;处于易受腐蚀的环境时,不应小于 50mm。 （封锚处理简图略）
结　　论	符合设计要求和《混凝土结构工程施工质量验收规范》GB 50204—2015 的规定。

监理工程师:
（建设单位代表）:×××　　施工技术负责人:×××　　施工质检员:×××　　记录人:×××

Chapter 06

质量验收记录

6.1 结构实体验收记录

6.1.1 结构实体混凝土强度验收记录

结构实体混凝土强度验收记录										编　号	×××
工程名称	××工程									结构类型	全现浇剪力墙
施工单位	××建设集团有限公司									验收日期	××年×月×日
强度等级	试件强度代表值(MPa)									强度评定结果	监理建设单位验收结果
C30	45.5	42.3	40.2	39.7						合格	合格
	50.1	46.5	44.2	43.7							
C40	51.8	58.2	52.8	57	58.6	58.1	49.3	54	50.2	46.2	合格
	57.0	64.0	58.1	62.7	64.5	63.9	54.2	59.4	55.2	50.8	

结论：

　　结构实体混凝土强度经数值统计,其强度评定结果合格,符合《混凝土结构工程施工质量验收规范》GB 50204—2015 的规定,验收合格。

签字栏	项目专业技术负责人	专业监理工程师 或建设单位项目专业技术负责人
	×××	×××

6.1.2　结构实体钢筋保护层厚度验收记录

结构实体钢筋保护层厚度验收记录								编　号	×××
工程名称		××工程						结构类型	框架
施工单位		××建设集团有限公司						验收日期	××年×月×日
构件类别	种类	钢筋保护层厚度(mm)						合格点率	评定结果	监理/建设单位验收结果
		设计值	实测值							
梁	框架梁	30	26	25	26	26		100%	合格	钢筋保护层厚度试验报告实测值符合要求,合格率100%
	框架梁	30	25	26	25	25				
	框架梁	30	24	25	24	24				
	框架梁	30	25	25	26	25				
	LL梁	30	24	25	25	26				
板	顶板	15	18	17	18	18	17	18	100%	合格	钢筋保护层厚度试验报告实测值符合要求,合格率100%
	顶板	15	18	19	18	18	18	17			
	顶板	15	16	17	17	18	17	17			
	雨篷板	15	21	22	21	21	21	22			
	雨篷板	15	22	22	21	22	22	21			

结论:
　　经实验室现场检查,符合设计要求及《混凝土结构工程施工质量验收规范》GB 50204—2015 的规定,验收合格。

签字栏	项目专业技术负责人	专业监理工程师或建设单位项目专业技术负责人
	×××	×××

6.1.3 钢筋保护层厚度试验报告

		编　号	×××
	钢筋保护层厚度试验报告	试验编号	××××-0012
		委托编号	××××-02185

工程名称及部位	×× 工程　地上一层						
委托单位	×× 建设集团有限公司						
试验委托人	×××			见证人	×××		
构件名称	⑥～⑦/Ⓐ～Ⓑ轴顶板						
测试点编号	1	2	3	4	5	6	
保护层厚度 设计值(mm)	15						
保护层厚度 实测值(mm)	18	17	18	18	17	18	

测试位置示意图:

结论:

依据《混凝土结构工程施工质量验收规范》GB 50204—2015,此板共检测 6 个点,实测保护层厚度在设计值的允许偏差内。

批　准	×××	审　核	×××	试　验	×××
试验单位	×× 工程检测试验有限公司				
报告日期	××××年×月×日				

6.2 检验批工程质量验收记录

6.2.1 模板工程检验批质量验收记录

模板工程检验批质量验收记录

02010101 ___001___

单位(子单位) 工程名称			××工程	分部(子分部) 工程名称	主体结构 (混凝土结构)	分项工程名称		现浇结构
施工单位			××建筑有限公司	项目负责人	×××	检验批容量		34 根
分包单位			—	分包单位项 目负责人		检验批部位		二层柱 A~E/ 1~6+2.5m 轴
施工依据			《混凝土结构工程施工规范》 GB 50666—2011	验收依据		《混凝土结构工程施工质量验收规范》 GB 50204—2015		

		验收项目			设计要求及 规范规定	最小/实际 抽样数量	检查记录	检查 结果
主控项目	1	模板及支架用材料			第4.2.1条	—	合格,质量证明文件编号:××××	√
	2	模板及支架安装质量			第4.2.2条	4/4	抽查4处,全部合格	√
	3	后浇带处模板及支架设置			第4.2.3条			
	4	支架竖杆或竖向模板安装			第4.2.4条			
一般项目	1	模板安装			第4.2.5条	全/34	共34处,全部检查,32处合格, 不合格处已整改,复查合格	100%
	2	隔离剂的品种与涂刷			第4.2.6条		合格,质量证明文件编号:××××	√
	3	模板的起拱			第4.2.7条			
	4	多层连续支模			第4.2.8条			
	5	预埋件、预留孔洞允许偏差(mm)	预埋件和预留孔洞留置与防渗措施		第4.2.9条	4/4	抽查4处,全部合格	100%
			预埋板中心线位置		3			
			预埋管、预留孔中心线位置		3			
			插筋	中心线位置	5	4/4	抽查4处,全部合格	100%
				外露长度	+10,0	4/4	抽查4处,全部合格	100%
			预埋螺栓	中心线位置	2	4/4	抽查4处,全部合格	100%
				外露长度	+10,0	—	—	—
			预留洞	中心线位置	10	—	—	—
				尺寸	+10,0	—	—	—
	6	现浇结构模板安装偏差(mm)	轴线位置		5	4/4	抽查4处,全部合格	100%
			底模上表面标高		±5	4/4	抽查4处,全部合格	100%
			模板内部尺寸	基础	±10	—	—	—
				柱、墙、梁	±5	4/4	抽查4处,全部合格	100%
				楼梯相邻踏步高差	5	—	—	—
			墙、柱垂直度	层高≤6m	8	4/4	抽查4处,全部合格	100%
				层高>6m	10	—	—	—
			相邻模板表面高差		2	4/4	抽查4处,全部合格	100%
			表面平整度		5	4/4	抽查4处,全部合格	100%

施工单位 检查结果	符合要求。 专业工长:××× 项目专业质量检查员:××× ××年×月×日
监理单位 验收结论	合格。 专业监理工程师:××× ××年×月×日

6.2.2　钢筋工程检验批质量验收记录

钢筋原材料检验批质量验收记录

02010201 ___001___

单位(子单位)工程名称		××工程	分部(子分部)工程名称	主体结构(混凝土结构)	分项工程名称	现浇结构
施工单位		××建筑有限公司	项目负责人	×××	检验批容量	60t
分包单位		—	分包单位项目负责人	—	检验批部位	二层墙、柱
施工依据		《混凝土结构工程施工规范》GB 50666—2011		验收依据	《混凝土结构工程施工质量验收规范》GB 50204—2015	

		验收项目	设计要求及规范规定	最小/实际抽样数量	检查记录	检查结果
主控项目	1	钢筋原材力学性能和重量偏差检验	第5.2.1条	—	HRB335E(28)、HRB335(22、16)钢筋,质量证明文件编号:×××× ;力学性能和重量偏差合格,试验编号:××××,×××××,×××	√
	2	成型钢筋力学性能和重量偏差检验	第5.2.2条	—	—	—
	3	抗震用钢筋的选用与力学性能检验	第5.2.3条	—	HRB335E(28)钢筋,力学性能和重量偏差合格,试验编号:××××	√
一般项目	1	钢筋原材外观质量	第5.2.4条	—	全数检查,钢筋平直,无损伤,表面无裂纹、油污与锈蚀现象	√
	2	成型钢筋外观质量和尺寸偏差	第5.2.5条	—	—	—
	3	机械连接套筒、钢筋锚固板及预埋件的外观质量	第5.2.6条	—	—	—
施工单位检查结果		符合要求。 专业工长:××× 项目专业质量检查员:××× ××年×月×日				
监理单位验收结论		合格。 专业监理工程师:××× ××年×月×日				

钢筋加工检验批质量验收记录

02010202___001___

单位(子单位) 工程名称	××工程	分部(子分部) 工程名称	主体结构 (混凝土结构)	分项工程名称	现浇结构
施工单位	××建筑有限公司	项目负责人	×××	检验批容量	2123件
分包单位	—	分包单位项 目负责人	—	检验批部位	二层柱A~E/ 1~6+2.5m轴
施工依据	《混凝土结构工程施工规范》 GB 50666—2011		验收依据	《混凝土结构工程施工质量验收规范》 GB 50204—2015	

		验收项目	设计要求及 规范规定	最小/实际 抽样数量	检查记录	检查 结果
主控项目	1	钢筋弯弧内直径	第5.3.1条	21/25	抽查25处,全部合格	√
	2	纵向受力钢筋弯钩平直段长度	第5.3.2条	15/15	抽查15处,全部合格	√
	3	箍筋、拉筋末端构造	第5.3.3条	36/40	抽查40处,全部合格	√
	4	盘卷钢筋调直后的力学性能和 重量偏差	第5.3.4条	—	力学性能和重量偏差检验合格, 试验报告编号:××××	√
一般项目	1	钢筋加工的形状尺寸	第5.3.5条	51/55	抽查55处,全部合格	100%
		钢筋加工允许偏差(mm) — 受力钢筋沿长度方向 的净尺寸	±10	51/51	抽查51处,全部合格	100%
		弯起钢筋的弯折位置	±20	51/60	抽查60处,合格57处	95%
		箍筋外廓尺寸	±5	51/55	抽查55处,合格50处	91%

施工单位 检查结果	符合要求。 专业工长:××× 项目专业质量检查员:××× ××年×月×日
监理单位 验收结论	合格。 专业监理工程师:××× ××年×月×日

钢筋连接检验批质量验收记录

02010203　001

单位(子单位) 工程名称	××工程	分部(子分部) 工程名称	主体结构 (混凝土结构)	分项工程名称	现浇结构
施工单位	××建筑有限公司	项目负责人	×××	检验批容量	168 处
分包单位	—	分包单位项目 负责人	—	检验批部位	二层柱 A～E/ 1～6+2.5m 轴
施工依据	《混凝土结构工程施工规范》 GB 50666—2011		验收依据	《混凝土结构工程施工质量验收规范》 GB 50204—2015	

验 收 项 目			设计要求及 规范规定	最小/实际 抽样数量	检 查 记 录	检查 结果
主 控 项 目	1	钢筋连接方式	第5.4.1条	全/168	共 168 处,全部检查,168 处 合格	√
	2	钢筋连接接头的力学性 能与弯曲性能	第5.4.2条	—	焊接连接,试验合格,试验 报告编号:××××	√
	3	螺纹接头拧紧扭矩值或 挤压接头压痕直径	第5.4.3条	—	—	—
一 般 项 目	1	钢筋接头位置	第5.4.4条	全/168	共 168 处,全部检查,168 处 合格	100%
	2	钢筋接头外观质量	第5.4.5条	3/5	抽查 5 处,全部合格	100%
	3	同一连接区段内纵向受 力钢筋的接头面积百分率	第5.4.6条	4/5	抽查 5 处,全部合格	100%
	4	绑扎搭接接头设置	第5.4.7条	—	—	—
	5	纵向受力钢筋搭接长度 范围内箍筋的设置	第5.4.8条	4/5	抽查 5 处,全部合格	100%

施工单位 检查结果	符合要求。 专业工长:××× 项目专业质量检查员:××× ××年×月×日
监理单位 验收结论	合格。 专业监理工程师:××× ××年×月×日

钢筋安装检验批质量验收记录

02010204 ___001___

单位(子单位) 工程名称	××工程		分部(子分部) 工程名称	主体结构 (混凝土结构)	分项工程名称	现浇结构
施工单位	××建筑有限公司		项目负责人	×××	检验批容量	34根
分包单位	—		分包单位项目 负责人	—	检验批部位	二层柱A~E/ 1~6+2.5m轴
施工依据	《混凝土结构工程施工规范》 GB 50666—2011			验收依据	《混凝土结构工程施工质量验收规范》 GB 50204—2015	

验收项目			设计要求及 规范规定	最小/实际 抽样数量	检查记录	检查 结果
主控项目	1	受力钢筋的牌号、规格、数量	第5.5.1条	—	受力钢筋为 RB335E(28)，数量与设计一致	√
	2	受力钢筋的安装位置、锚固方式	第5.5.2条	—	安装牢固，安装位置、锚固方式与设计一致	√
一般项目	1	绑扎钢筋网 长、宽(mm)	±10	—	—	—
		网眼尺寸(mm)	±20	—	—	—
		绑扎钢筋骨架 长(mm)	±10	—	—	—
		宽、高(mm)	±5	—	—	—
		纵向受力钢筋 锚固长度(mm)	−20	24/24	抽查24处，合格24处	100%
		间距(mm)	±10	24/24	抽查24处，合格22处	96%
		排距(mm)	±5	—	—	—
		纵向受力钢筋、箍筋的混凝土保护层厚度(mm) 基础	±10	—	—	—
		柱、梁	±5	64/70	抽查70处，合格68处	97%
		板、墙、壳	±3	—	—	—
		绑扎钢筋、横向钢筋间距(mm)	±20	—	—	—
		钢筋弯起点位置(mm)	20	—	—	—
		预埋件 中心线位置(mm)	5	—	—	—
		水平高差(mm)	+3,0	—	—	—

施工单位 检查结果	符合要求。 专业工长：××× 项目专业质量检查员：××× ××年×月×日
监理单位 验收结论	合格。 专业监理工程师：××× ××年×月×日

6.2.3 混凝土工程检验批质量验收记录

混凝土原材料检验批质量验收记录

02010301 ___001___

单位(子单位) 工程名称	××工程	分部(子分部) 工程名称	主体结构 (混凝土结构)	分项工程名称	现浇结构
施工单位	××建筑有限公司	项目负责人	×××	检验批容量	226.12m³
分包单位	—	分包单位项目 负责人	—	检验批部位	二层墙、柱
施工依据	《混凝土结构工程施工规范》 GB 50666—2011		验收依据	《混凝土结构工程施工质量验收规范》 GB 50204—2015	

验收项目			设计要求及 规范规定	最小/实际 抽样数量	检查记录	检查 结果
主控项目	1	水泥进场检验	第7.2.1条	—	水泥品种P·O42.5,质量证明文件编号:××××;试验合格,试验报告编号:××××	√
	2	外加剂进场检验	第7.2.2条	—	—	—
一般项目	1	混凝土用矿物掺合料进场检验	第7.2.3条	—	—	—
	2	粗细骨料质量检验	第7.2.4条		5～31.5碎石,试验合格,试验报告编号:××××;中粗砂,试验合格,试验报告编号:××××	√
	3	混凝土拌制及养护用水质量检验	第7.2.5条		饮用水,试验合格,试验报告编号:××××	√

施工单位 检查结果	符合要求。 专业工长:××× 项目专业质量检查员:××× ××年×月×日
监理单位 验收结论	合格。 专业监理工程师:××× ××年×月×日

混凝土拌合物检验批质量验收记录

02010302 ___001___

单位(子单位)工程名称	××工程		分部(子分部)工程名称	主体结构(混凝土结构)	分项工程名称	现浇结构
施工单位	××建筑有限公司		项目负责人	×××	检验批容量	26.12m³
分包单位	—		分包单位项目负责人	—	检验批部位	二层柱 A～E/1～6+2.5m 轴
施工依据	《混凝土结构工程施工规范》GB 50666—2011			验收依据	《混凝土结构工程施工质量验收规范》GB 50204—2015	

验 收 项 目			设计要求及规范规定	最小/实际抽样数量	检 查 记 录	检查结果
主控项目	1	预拌混凝土进场检验	第7.3.1条	—	全部检查,质量证明文件编号:××××	√
	2	混凝土拌合物是否离析	第7.3.2条	—	全部检查,混凝土无离析现象发生	√
	3	混凝土中氯离子含量和碱总含量	第7.3.3条	—	氯离子含量和碱总含量符合要求,计算书编号:××××	√
	4	混凝土开盘鉴定	第7.3.4条	—	开盘鉴定合格,报告编号:××××	√
一般项目	1	混凝土拌合物的稠度	第7.3.5条	1/1	抽查1次,合格	100%
	2	混凝土耐久性	第7.3.6条	—	—	—
	3	混凝土含气量	第7.3.7条	—	—	—

施工单位检查结果	符合要求。 专业工长:××× 项目专业质量检查员:××× ××年×月×日
监理单位验收结论	合格。 专业监理工程师:××× ××年×月×日

混凝土施工检验批质量验收记录

02010303 ___001___

单位(子单位) 工程名称		××工程	分部(子分部) 工程名称	主体结构 (混凝土结构)	分项工程名称	现浇结构
施工单位		××建筑有限公司	项目负责人	×××	检验批容量	26.12m³
分包单位		—	分包单位项目 负责人	—	检验批部位	二层柱A～E/ 1～6+2.5m轴
施工依据		《混凝土结构工程施工规范》 GB 50666—2011		验收依据	《混凝土结构工程施工质量验收规范》 GB 50204—2015	

验 收 项 目			设计要求及 规范规定	最小/实际 抽样数量	检 查 记 录	检查 结果
主控项目	1	混凝土的强度等级与试件取样	第7.4.1条	—	混凝土强度等级C40,抗压强度试验报告编号：×××××；留置混凝土试件2组(含同条件1组)	√
一般项目	1	后浇带的留设位置、后浇带和施工缝的留设与处理方法	第7.4.2条	—	—	—
	2	混凝土养护	第7.4.3条	全/34	共34处,全部检查,34处合格	100%

施工单位 检查结果	符合要求。 专业工长：××× **项目专业质量检查员：×××** ××年×月×日
监理单位 验收结论	合格。 **专业监理工程师：×××** ××年×月×日

6.2.4 预应力工程检验批质量验收记录

预应力原材料检验批质量验收记录

02010401 ___001___

单位(子单位) 工程名称		××工程	分部(子分部) 工程名称	主体结构 (混凝土结构)	分项工程名称	预应力
施工单位		××建筑有限公司	项目负责人	×××	检验批容量	24片
分包单位		—	分包单位项目 负责人	—	检验批部位	二层A～E/ 1～6轴
施工依据		《混凝土结构工程施工规范》 GB 50666—2011		验收依据	《混凝土结构工程施工质量验收规范》 GB 50204—2015	

验收项目			设计要求及 规范规定	最小/实际 抽样数量	检查记录	检查 结果
主控项目	1	预应力筋的力学性能 检验	第6.2.1条	—	预应力筋复检合格,质量证 明文件编号:××××;试验 报告编号:××××	√
	2	无粘结预应力钢绞线防 腐润滑脂量和护套厚度	第6.2.2条	—	—	—
	3	预应力用锚具、夹具、连 接器性能	第6.2.3条	—	材料质量合格,材料质量证 明文件编号:××××;复验报 告编号:××××;锚固区传力 性能试验报告编号:××××	√
	4	锚具系统防水性能	第6.2.4条	—	—	—
	5	水泥种类、水泥与外加剂 质量	第6.2.5条	—	PO42.5水泥,质量证明文 件编号:××××;复验报告 编号:××××	√
一般项目	1	预应力筋外观质量	第6.2.6条	—	预应力筋表面无裂纹、小 刺、机械损伤等缺陷	√
	2	预应力筋用锚具、夹具、 连接器外观质量	第6.2.7条	—	表面无污物、锈蚀、机械损 伤和裂纹	√
	3	预应力成孔管道的外观、 径向刚度和抗渗漏性能	第6.2.8条	—	金属波纹管内外表面无锈 蚀、油污等缺陷。质量证明 文件编号:××××;复试报告 编号:××××	√

施工单位 检查结果	符合要求。 专业工长:××× 项目专业质量检查员:××× ××年×月×日
监理单位 验收结论	合格。 专业监理工程师:××× ××年×月×日

预应力制作与安装检验批质量验收记录

02010402 __001__

单位(子单位) 工程名称	××工程	分部(子分部) 工程名称	主体结构 (混凝土结构)	分项工程名称	预应力
施工单位	××建筑有限公司	项目负责人	×××	检验批容量	8根
分包单位	—	分包单位项目 负责人	—	检验批部位	二层A～E/ 1～6轴01号梁
施工依据	《混凝土结构工程施工规范》 GB 50666—2011		验收依据	《混凝土结构工程施工质量验收规范》 GB 50204—2015	

验 收 项 目			设计要求及 规范规定	最小/实际 抽样数量	检 查 记 录	检查 结果
主控项目	1	预应力筋的品种、规格、 级别、数量	第6.3.1条	全/8	共8处,全部合格	√
	2	预应力筋的安装位置	第6.3.2条	全/8	共8处,全部合格	√
一般项目	1	预应力筋端部锚具制作 质量	第6.3.3条	2/2	抽查2处,全部合格	100%
	2	预应力筋或成孔管道的 安装质量	第6.3.4条	全/8	共8处,全部合格	100%

		预应力筋 或成孔管道 定位控制点 的竖向位置 偏差	构件截面高 (厚)度	允许偏差 (mm)	最小/实际 抽样数量	检 查 记 录	检查 结果
	3		$h\leqslant300$	±5	—	—	—
			$300<h\leqslant1500$	±10	3/3	抽查3处,全部合格	100%
			$h>1500$	±15	—	—	—

施工单位 检查结果	符合要求。 专业工长:××× 项目专业质量检查员:××× ××年×月×日
监理单位 验收结论	合格。 专业监理工程师:××× ××年×月×日

预应力张拉与放张检验批质量验收记录

02010403 ___001___

单位(子单位)工程名称			××工程	分部(子分部)工程名称	主体结构(混凝土结构)	分项工程名称	预应力
施工单位			××建筑有限公司	项目负责人	×××	检验批容量	8根
分包单位			—	分包单位项目负责人	—	检验批部位	二层A～E/1～6轴01号梁
施工依据			《混凝土结构工程施工规范》GB 50666—2011	验收依据	《混凝土结构工程施工质量验收规范》GB 50204—2015		

验收项目				设计要求及规范规定	最小/实际抽样数量	检查记录	检查结果
主控项目	1	张拉或放张时的混凝土强度		第6.4.1条	—	混凝土强度C38.8,抗压强度试验报告编号:××××	√
	2	钢绞线出现断裂或滑脱的情况		第6.4.2条	全/8	共8处,全部合格	√
	3	实际预应力值控制		第6.4.3条	3/3	抽查3处,全部合格	√
一般项目	1	预应力筋张拉质量		第6.4.4条	全/8	共8处,全部合格	100%
	2	预应力筋张拉后的位置偏差		第6.4.5条	3/3	抽查3处,全部合格	100%
	3	预应力筋的内缩量(mm)	支承式锚具	螺帽缝隙	1	—	—	—
				每块后加垫板的缝隙	1	—	—	—
			锥塞式锚具		5	3/3	抽查3处,全部合格	100%
			夹片式锚具	有预压	5	—	—	—
				无预压	6～8	—	—	—

施工单位检查结果	符合要求。 专业工长:××× 项目专业质量检查员:××× ××年×月×日
监理单位验收结论	合格。 专业监理工程师:××× ××年×月×日

预应力灌浆及封锚检验批质量验收记录

02010404 ___001___

单位(子单位) 工程名称	××工程	分部(子分部) 工程名称	主体结构 (混凝土结构)	分项工程名称	预应力
施工单位	××建筑有限公司	项目负责人	×××	检验批容量	8根
分包单位	—	分包单位项目 负责人	—	检验批部位	二层A~E/ 1~6轴01号梁
施工依据	《混凝土结构工程施工规范》 GB 50666—2011		验收依据	《混凝土结构工程施工质量验收规范》 GB 50204—2015	

验 收 项 目			设计要求及 规范规定	最小/实际 抽样数量	检 查 记 录	检查 结果
主控项目	1	孔道灌浆的一般要求	第6.5.1条	全/8	共8处,全部合格	√
	2	灌浆用水泥性能	第6.5.2条	—	水泥性能符合要求,水泥浆 性能试验报告编号:××××	√
	3	水泥浆试件的抗压强度	第6.5.3条	—	水泥浆强度38.2MPa,抗压 强度试验报告编号:××××	√
	4	锚具的封闭保护措施	第6.5.4条	5/5	抽查5处,全部合格	√
一般项目	1	预应力筋的外露长度	第6.5.5条	5/5	抽查5处,全部合格	100%

施工单位 检查结果	符合要求。 专业工长:××× 项目专业质量检查员:××× ××年×月×日
监理单位 验收结论	合格。 专业监理工程师:××× ××年×月×日

6.2.5 现浇结构工程检验批质量验收记录

现浇结构外观及尺寸偏差检验批质量验收记录

02010501 __001__

单位(子单位)工程名称	××工程	分部(子分部)工程名称	主体结构(混凝土结构)	分项工程名称	现浇结构
施工单位	××建筑有限公司	项目负责人	×××	检验批容量	26.12m³
分包单位	—	分包单位项目负责人	—	检验批部位	二层柱 A～E/1～6+2.5m 轴
施工依据	《混凝土结构工程施工规范》GB 50666—2011		验收依据	《混凝土结构工程施工质量验收规范》GB 50204—2015	

		验收项目		设计要求及规范规定	最小/实际抽样数量	检查记录	检查结果
主控项目	1	外观质量严重缺陷		第8.2.1条	—	外观无严重缺陷	√
	2	影响结构性能或使用功能的尺寸偏差		第8.3.1条	—	无影响结构性能或使用功能的尺寸偏差	√
一般项目	1	外观质量一般缺陷		第8.2.2条	全/34	共 34 处,全部合格	100%
	2	轴线位置(mm)	整体基础	15	—	—	—
			独立基础	10	—	—	—
			柱、墙、梁	8	4/4	抽查 4 处,合格 4 处	100%
		垂直度(mm)	层高 ≤6m	10	4/4	抽查 4 处,合格 4 处	100%
			层高 >6m	12	—	—	—
			全高(H)≤300m	H/30000+20	—	—	—
			全高(H)>300m	H/10000 且≤80	—	—	—
		标高(mm)	层高	±10	4/4	抽查 4 处,合格 4 处	100%
			全高	±30	4/4	抽查 4 处,合格 4 处	100%
		截面尺寸(mm)	基础	+15,−10	—	—	—
			柱、梁、板、墙	+10,−5	4/4	抽查 4 处,合格 4 处	100%
			楼梯相邻踏步高差	6	—	—	—
		电梯井(mm)	中心位置	10	—	—	—
			长、宽尺寸	+25,0	—	—	—
		表面平整度(mm)		8	4/4	抽查 4 处,合格 4 处	100%
		预埋件中心位置(mm)	预埋板	10	—	—	—
			预埋螺栓	5	—	—	—
			预埋管	5	—	—	—
			其他	10	—	—	—
		预留洞、孔中心线位置(mm)		15	—	—	—

施工单位检查结果	符合要求。 专业工长:××× 项目专业质量检查员:××× ××年×月×日
监理单位验收结论	合格。 专业监理工程师:××× ××年×月×日

混凝土设备基础外观及尺寸偏差检验批质量验收记录

02010502 __001

单位(子单位)工程名称		××工程	分部(子分部)工程名称	主体结构(混凝土结构)	分项工程名称	现浇结构
施工单位		××建筑有限公司	项目负责人	×××	检验批容量	3处
分包单位		—	分包单位项目负责人	—	检验批部位	F11层风机基础
施工依据		《混凝土结构工程施工规范》GB 50666—2011	验收依据		《混凝土结构工程施工质量验收规范》GB 50204—2015	

验收项目				设计要求及规范规定	最小/实际抽样数量	检查记录	检查结果
主控项目	1	外观质量严重缺陷		第8.2.1条	—	外观无严重缺陷	√
	2	影响结构性能或使用功能的尺寸偏差		第8.3.1条	—	无影响结构性能或使用功能的尺寸偏差	√
一般项目	1	外观质量一般缺陷		第8.2.2条	全/3	共3处,全部合格	100%
	2	坐标位置(mm)		20	全/3	共3处,全部合格	100%
		不同平面标高(mm)		0,−20	全/3	共3处,全部合格	100%
		平面外形尺寸(mm)		±20	全/3	共3处,全部合格	100%
		凸台上平面外形尺寸(mm)		0,−20	—	—	—
		凹槽尺寸(mm)		+20,0	—	—	—
		平面水平度(mm)	每米	5	全/3	共3处,全部合格	100%
			全长	10	全/3	共3处,全部合格	100%
		垂直度(mm)	每米	5	全/3	共3处,全部合格	100%
			全高	10	全/3	共3处,全部合格	100%
		预埋地脚螺栓(mm)	中心位置	2	全/24	共24处,全部合格	100%
			顶标高	+20,0	全/24	共24处,全部合格	100%
			中心距	±2	全/24	共24处,全部合格	100%
			垂直度	5	全/24	共24处,全部合格	100%
		预埋地脚螺栓孔(mm)	中心线位置	10	—	—	—
			截面尺寸	+20,0	—	—	—
			深度	+20,0	—	—	—
			垂直度	$h/100$,且≤10	—	—	—
		预埋活动地脚螺栓锚板(mm)	中心线位置	5	—	—	—
			标高	+20,0	—	—	—
			带槽锚板平整度	5	—	—	—
			带螺纹孔锚板平整度	2	—	—	—

施工单位检查结果	符合要求。 专业工长:××× 项目专业质量检查员:××× ××年×月×日
监理单位验收结论	合格。 专业监理工程师:××× ××年×月×日

6.2.6 装配式结构工程检验批质量验收记录

装配式结构预制构件检验批质量验收记录

02010601 __001__

单位(子单位)工程名称			××工程	分部(子分部)工程名称	主体结构(混凝土结构)	分项工程名称	装配式结构
施工单位			××建筑有限公司	项目负责人	×××	检验批容量	24件
分包单位			—	分包单位项目负责人	—	检验批部位	二层 A~D/1~5 轴墙板
施工依据			《混凝土结构工程施工规范》GB 50666—2011	验收依据		《混凝土结构工程施工质量验收规范》GB 50204—2015	
验收项目			设计要求及规范规定	最小/实际抽样数量	检查记录		检查结果
主控项目	1	预制构件质量	第9.2.1条		合格,质量证明文件编号:××××		√
	2	预制构件结构性能	第9.2.2条	1/1	合格,结构性能报告编号:××××		√
	3	预制构件的外观质量	第9.2.3条	全/24	共24处,全部合格		√
	4	预埋件、预留插筋、预埋管线等	第9.2.4条	—	—		—
一般项目	1	预制构件标识		第9.2.5条	全/24	共24处,全部合格	100%
	2	预制构件的外观质量		第9.2.6条	全/24	全24处,23处合格	96%
	3	长度(mm)	楼板、梁、柱、桁架	<12m	±5	—	—	—
				≥12m,且<18m	±10	—	—	—
				>18m	±20	—	—	—
			墙板	±4	5/5	抽查5处,全部合格	100%
		宽度、高(厚)度(mm)	楼板、梁、柱、桁架	±5	—	—	—
			墙板	±4	5/5	抽查5处,全部合格	100%
		表面平整度(mm)	楼板、梁、柱、墙板内表面	5	5/5	抽查5处,全部合格	100%
			墙板外表面	3	5/5	抽查5处,全部合格	100%
		侧向弯曲(mm)	楼板、梁、柱	L/750,且≤20	—	—	—
			墙板、桁架	L/1000,且≤20	5/5	抽查5处,全部合格	100%
		翘曲(mm)	楼板	L/750	—	—	—
			墙板	L/1000	5/5	抽查5处,全部合格	100%
		对角线(mm)	楼板	10	—	—	—
			墙板	5	5/5	抽查5处,全部合格	100%
		预留孔(mm)	中心线位置	5	—	—	—
			孔尺寸	±5	—	—	—
		预留洞(mm)	中心线位置	10	—	—	—
			洞口尺寸、深度	±10	—	—	—
		预埋件(mm)	预埋板中心线位置	5	—	—	—
			预埋板与混凝土面高差	0,−5	—	—	—
			预埋螺栓	2	—	—	—
			预埋螺栓外露长度	+10,−5	—	—	—
			预埋套筒、螺母中心线	2	—	—	—
			预埋套筒、螺母高差	±5	—	—	—
		预留插筋(mm)	中心线位置	5	5/5	抽查5处,全部合格	100%
			外露长度	+10,−5	5/5	抽查5处,全部合格	100%
		键槽(mm)	中心线位置	5	—	—	—
			长度、宽度	±5	—	—	—
			深度	±10	—	—	—
	4	粗糙面的质量及键槽数量		第9.2.8条	—	—	—
施工单位检查结果			符合要求。		专业工长:×××项目专业质量检查员:×××××年×月×日		
监理单位验收结论			合格。		专业监理工程师:×××××年×月×日		

装配式结构施工检验批质量验收记录

02010602 __001__

单位(子单位) 工程名称	××工程	分部(子分部) 工程名称	主体结构 (混凝土结构)	分项工程名称	预应力
施工单位	××建筑有限公司	项目负责人	×××	检验批容量	24件
分包单位	—	分包单位项目 负责人	—	检验批部位	二层A~D/ 1~5轴墙板
施工依据	《混凝土结构工程施工规范》 GB 50666—2011		验收依据	《混凝土结构工程施工质量验收规范》 GB 50204—2015	

		验 收 项 目		设计要求及 规范规定	最小/实际 抽样数量	检查记录	检查 结果
主控项目	1	预制构件临时固定措施		第9.3.1条	全/24	共24处,全部合格	√
	2	套筒灌浆连接材料及质量		第9.3.2条	—	—	—
	3	焊接接头质量		第9.3.3条	全/24	共24处,全部合格	√
	4	机械连接接头质量		第9.3.4条	—	—	—
	5	焊接、螺栓连接材料性能 与施工质量		第9.3.5条	—	—	—
	6	后浇混凝土强度		第9.3.6条		合格,试验报告编号:××××	√
	7	外观质量严重缺陷与影响结构性能和安装使用功能的尺寸偏差		第9.3.7条	全/24	共24处,全部合格	√
一般项目	1	外观质量一般缺陷		第9.3.8条	全/24	共24处,全部合格	100%
	2	构件轴线位置	竖向构件(柱、墙板、桁架)	8	3/3	抽查3处,全部合格	100%
			水平构件(梁、楼板)	5	—	—	—
		标高	梁、柱、墙板、楼板底面或顶面	±5	3/3	抽查3处,全部合格	100%
		构件垂直度	柱、墙板安装后的高度 ≤6m	5	3/3	抽查3处,全部合格	100%
			>6m	10	—	—	—
		构件倾斜度	梁、桁架	5	—	—	—
		相邻构件平整度	梁、楼板底面 外露	3	—	—	—
			不外露	5	—	—	—
			柱、墙板 外露	5	—	—	—
			不外露	8	3/3	抽查3处,全部合格	100%
		构件搁置长度	梁、板	±10	—	—	—
		支座、支垫中心位置	板、梁、柱、墙板、桁架	10	3/3	抽查3处,全部合格	100%
		墙板接缝宽度		±5	3/3	抽查3处,全部合格	100%

施工单位 检查结果	符合要求。 专业工长:××× 项目专业质量检查员:××× ××年×月×日
监理单位 验收结论	合格。 专业监理工程师:××× ××年×月×日

6.3 分项工程质量验收记录

__混凝土__ 分项工程质量验收记录表

单位(子单位)工程名称		××工程	结构类型	全现浇剪力墙
分部(子分部)工程名称		混凝土结构	检验批数	12
施工单位		××建设集团有限公司	项目经理	×××
分包单位		—	分包单位负责人	—
序号	检验批名称及部位、区段		施工单位检查评定结果	监理(建设)单位验收结论
1	首层墙、板		√	合格
2	二层墙、板		√	合格
3	三层墙、板		√	合格
4	四层墙、板		√	合格
5	五层墙、板		√	合格
6	六层墙、板		√	合格
7	七层墙、板		√	合格
8	八层墙、板		√	合格
9	九层墙、板		√	合格
10	十层墙、板		√	合格
11	屋顶电梯机房		√	合格
12	屋顶水箱间		√	合格
检查结论	首层至屋顶水箱间混凝土材料、配合比设计及混凝土施工质量符合《混凝土结构工程施工质量验收规范》GB 50204—2015 的要求,混凝土分项工程合格。 项目专业技术负责人:××× 2015 年 7 月 11 日		验收结论	同意施工单位检查结论,验收合格。 监理工程师:××× (建设单位项目专业技术负责人) 2015 年 7 月 11 日

注:地基基础、主体结构工程的分项工程质量验收不填写"分包单位"、"分包项目经理"。

6.4 分部（子分部）工程质量验收记录

表G 主体结构分部工程质量验收记录

编号： 02

单位(子单位) 工程名称	××大厦	子分部工程 数量	1	分项工程 数量	3
施工单位	××建筑有限公司	项目负责人	××	技术(质量) 负责人	××
分包单位	—	分包单位 负责人	—	分包内容	—

序号	子分部工程名称	分项工程名称	检验批数量	施工单位检查结果	监理单位验收结论
1	混凝土结构	模板工程	80	符合要求	合格
2		混凝土	40	符合要求	合格
3		钢筋工程	120	符合要求	合格
4					
5					
6					
7					
8					
	质量控制资料			检查98项,齐全有效	合格
	安全和功能检验结果			检查5项,符合要求	合格
	观感质量检验结果			一般	
综合验收 结论	混凝土结构分部工程验收合格。				

施工单位 项目负责人： ××× ××年×月×日	勘察单位 项目负责人： ××× ××年×月×日	设计单位 项目负责人： ××× ××年×月×日	监理单位 总监理工程师： ××× ××年×月×日

注：1. 地基与基础分部工程的验收应由施工、勘察、设计单位项目负责人和总监理工程师参加并签字。
2. 主体结构、节能分部工程的验收应由施工、设计单位项目负责人和总监理工程师参加并签字。

6.5 竣工验收资料

6.5.1 单位工程质量竣工验收记录

单位工程质量竣工验收记录

工程名称	××工程	结构类型	框架剪力墙	层数/建筑面积	11层/10733m²
施工单位	××建设集团有限公司	技术负责人	×××	开工日期	××年×月×日
项目负责人	×××	项目技术负责人	×××	完工日期	××年×月×日

序号	项　目	验收记录	验收结论
1	分部工程验收	共9分部,经查符合设计及标准规定9分部	经各专业分部工程验收,工程质量符合验收标准
2	质量控制资料核查	共40项,经核查符合规定40项	质量控制资料经核查共40项符合有关规范要求
3	安全和使用功能核查及抽查结果	共核查26项,符合规定26项,共抽查10项,符合规定10项,经返工处理符合规定0项	安全和主要使用功能共核查26项符合要求,抽查其中10项使用功能均满足
4	观感质量验收	共抽查24项,达到"好"和"一般"的24项,经返修处理符合要求的0项	观感质量验收为"好"
5	综合验收结论	经对本工程综合验收,各分项分部工程符合设计要求,施工质量均满足有关质量验收规范和标准要求,单位工程竣工验收合格。	

参加验收单位	建设单位	监理单位	施工单位	设计单位	勘察单位
	（公章）	（公章）	（公章）	（公章）	（公章）

注：单位工程验收时,验收签字人员应由相应单位的法人代表书面授权。

6.5.2 单位工程质量控制资料核查记录

单位工程质量控制资料核查记录

工程名称		××住宅楼工程		施工单位		××建设集团有限公司		
序号	项目	资料名称	份数	施工单位			监理单位	
				核查意见	核查人		核查意见	核查人
1	建筑与结构	图纸会审记录、设计变更通知单、工程洽商记录	24	齐全有效	×××		合格	×××
2		工程定位测量、放线记录	54	齐全有效			合格	
3		原材料出厂合格证书及进场检验、试验报告	226	齐全有效			合格	
4		施工试验报告及见证检测报告	126	齐全有效			合格	
5		隐蔽工程验收记录	136	齐全有效			合格	
6		施工记录	118	齐全有效			合格	
7		地基、基础、主体结构检验及抽样检测资料	56	齐全有效			合格	
8		分项、分部工程质量验收记录	12	齐全有效			合格	
9		工程质量事故调查处理资料	—	—			—	
10		新技术论证、备案及施工记录	2	齐全有效			合格	
1	给水排水与供暖	图纸会审记录、设计变更通知单、工程洽商记录	9	齐全有效	×××		合格	×××
2		原材料出厂合格证书及进场检验、试验报告	32	齐全有效			合格	
3		管道、设备强度试验、严密性试验记录	6	齐全有效			合格	
4		隐蔽工程验收记录	25	齐全有效			合格	
5		系统清洗、灌水、通水、通球试验记录	28	齐全有效			合格	
6		施工记录	22	齐全有效			合格	
7		分项、分部工程质量验收记录	10	齐全有效			合格	
8		新技术论证、备案及施工记录	1	齐全有效			合格	
1	通风与空调	图纸会审记录、设计变更通知单、工程洽商记录	5	齐全有效	×××		合格	×××
2		原材料出厂合格证书及进场检验、试验报告	4	齐全有效			合格	
3		制冷、空调、水管道强度试验、严密性试验记录	7	齐全有效			合格	
4		隐蔽工程验收记录	8	齐全有效			合格	
5		制冷设备运行调试记录	10	齐全有效			合格	
6		通风、空调系统调试记录	5	齐全有效			合格	
7		施工记录	25	齐全有效			合格	
8		分项、分部工程质量验收记录	5	齐全有效			合格	
9		新技术论证、备案及施工记录	1	齐全有效			合格	

续表

工程名称		××住宅楼工程		施工单位		××建设集团有限公司		
序号	项目	资料名称	份数	施工单位		监理单位		
				核查意见	核查人	核查意见	核查人	
1	建筑电气	图纸会审记录、设计变更通知单、工程洽商记录	9	齐全有效	×××	合格	×××	
2		原材料出厂合格证书及进场检验、试验报告	25	齐全有效		合格		
3		设备调试记录	8	齐全有效		合格		
4		接地、绝缘电阻测试记录	30	齐全有效		合格		
5		隐蔽工程验收记录	25	齐全有效		合格		
6		施工记录	20	齐全有效		合格		
7		分项、分部工程质量验收记录	10	齐全有效		合格		
8		新技术论证、备案及施工记录	1	齐全有效		合格		
1	智能建筑	图纸会审记录、设计变更通知单、工程洽商记录	9	齐全有效	×××	合格	×××	
2		原材料出厂合格证书及进场检验、试验报告	25	齐全有效		合格		
3		隐蔽工程验收记录	30	齐全有效		合格		
4		施工记录	30	齐全有效		合格		
5		系统功能测定及设备调试记录	25	齐全有效		合格		
6		系统技术、操作和维护手册	20	齐全有效		合格		
7		系统管理、操作人员培训记录	10	齐全有效		合格		
8		系统检测报告	1	齐全有效		合格		
9		分项、分部工程质量验收记录	9	齐全有效		合格		
10		新技术论证、备案及施工记录	2	齐全有效		合格		
1	建筑节能	图纸会审记录、设计变更通知单、工程洽商记录	9	齐全有效	×××	合格	×××	
2		原材料出厂合格证书及进场检验、试验报告	32	齐全有效		合格		
3		隐蔽工程验收记录	6	齐全有效		合格		
4		施工记录	25	齐全有效		合格		
5		外墙、外窗节能检验报告	28	齐全有效		合格		
6		设备系统节能检验报告	22	齐全有效		合格		
7		分项、分部工程质量验收记录	10	齐全有效		合格		
8		新技术论证、备案及施工记录	1	齐全有效		合格		
1	电梯	图纸会审记录、设计变更通知单、工程洽商记录	4	齐全有效	×××	合格	×××	
2		设备出厂合格证书及开箱检验记录	25	齐全有效		合格		
3		隐蔽工程验收记录	8	齐全有效		合格		
4		施工记录	30	齐全有效		合格		
5		接地、绝缘电阻调试记录	5	齐全有效		合格		
6		负荷试验、安全装置检查记录	20	齐全有效		合格		
7		分项、分部工程质量验收记录	10	齐全有效		合格		
8		新技术论证、备案及施工记录	1	齐全有效		合格		

结论：

通过工程质量控制资料核查，各项记录符合规定。

施工单位项目负责人：×××　　　　　　总监理工程师：×××

××年×月×日　　　　　　　　××年×月×日

注：本表所有项目均已填写，使用时请参考相应部分。

6.5.3 单位工程安全和功能检验资料核查及主要功能抽查记录

单位工程安全和功能检验资料核查及主要功能抽查记录

工程名称		××住宅楼工程		施工单位		××建设集团有限公司	
序号	项目	安全和功能检查项目	份数	核查意见	抽查结果	核查(抽查)人	
1	建筑与结构	地基承载力检验报告	2	完整、有效			
2		桩基承载力检验报告	3	完整、有效			
3		混凝土强度试验报告	12	完整、有效	抽查5处合格		
4		砂浆强度试验报告	2	完整、有效			
5		主体结构尺寸、位置抽查记录	5	完整、有效			
6		建筑物垂直度、标高、全高测量记录	12	完整、有效	抽查5处合格		
7		屋面淋水或蓄水试验记录	10	完整、有效	抽查4处合格		
8		地下室渗漏水检测记录	10	完整、有效		××× ×××	
9		有防水要求的地面蓄水试验记录	16	完整、有效	抽查5处合格		
10		抽气(风)道检查记录	18	完整、有效	抽查2处合格		
11		外窗气密性、水密性、耐风压检测报告	2	完整、有效			
12		幕墙气密性、水密性、耐风压检测报告	3	完整、有效			
13		建筑物沉降观测测量记录	12	完整、有效			
14		节能、保温测试记录	5	完整、有效			
15		室内环境检测报告	10	完整、有效			
16		土壤氡气浓度检测报告	1	完整、有效			
1	给水排水与供暖	给水管道通水试验记录	12	完整、有效			
2		暖气管道、散热器压力试验记录	2	完整、有效	抽查5处合格		
3		卫生器具满水试验记录	12	完整、有效		××× ×××	
4		消防管道、燃气管道压力试验记录	15	完整、有效			
5		排水干管通球试验记录	16	完整、有效			
6		锅炉试运行、安全阀及报警联动测试记录	2	完整、有效			

续表

工程名称		××住宅楼工程		施工单位	××建设集团有限公司		
序号	项目	安全和功能检查项目	份数	核查意见	抽查结果	核查(抽查)人	
1	通风与空调	通风、空调系统试运行记录	12	完整、有效		××× ×××	
2		风量、温度测试记录	2	完整、有效			
3		空气能量回收装置测试记录	8	完整、有效	抽查5处合格		
4		洁净室洁净度测试记录	9	完整、有效			
5		制冷机组试运行调试记录	16	完整、有效			
1	建筑电气	建筑照明通电试运行记录	2	完整、有效		××× ×××	
2		灯具固定装置及悬吊装置的载荷强度试验记录	10	完整、有效			
3		绝缘电阻测试记录	36	完整、有效	抽查8处合格		
4		剩余电流动作保护器测试记录	23	完整、有效			
5		应急电源装置应急持续供电时间记录	5	完整、有效			
6		接地电阻测试记录	6	完整、有效	抽查3处合格		
7		接地故障回路阻抗测试记录	6	完整、有效			
1	智能建筑	系统试运行记录	16	完整、有效		××× ×××	
2		系统电源及接地检测报告	5	完整、有效	抽查2处合格		
3		系统接地检测报告	5	完整、有效			
1	建筑节能	外墙节能构造检查记录或热工性能检验报告	12	完整、有效		××× ×××	
2		设备系统节能性能检查记录	2	完整、有效			
1	电梯	运行记录	5	完整、有效		××× ×××	
2		安全装置检测报告	5	完整、有效			

结论:
资料齐全有效,抽查结果全部合格。

施工单位项目负责人:×××　　　　　　　总监理工程师:×××
　　　　　　××年×月×日　　　　　　　　　　××年×月×日

注:1. 抽查项目由验收组协商确定。
　　2. 本表所有项目均已填写,使用时请参考相应部分。

201

6.5.4 单位工程观感质量检查记录

单位工程观感质量检查记录

工程名称		××办公楼工程	施工单位	××建设集团有限公司	
序号		项 目	抽查质量状况		质量评价
1	建筑与结构	主体结构外观	共检查10点,好10点,一般0点,差0点		好
2		室外墙面	共检查10点,好10点,一般0点,差0点		好
3		变形缝、雨水管	共检查10点,好10点,一般0点,差0点		好
4		屋面	共检查10点,好10点,一般0点,差0点		好
5		室内墙面	共检查10点,好9点,一般1点,差0点		好
6		室内顶棚	共检查10点,好9点,一般1点,差0点		好
7		室内地面	共检查10点,好10点,一般0点,差0点		好
8		楼梯、踏步、护栏	共检查10点,好9点,一般1点,差0点		好
9		门窗	共检查10点,好9点,一般1点,差0点		好
10		雨罩、台阶、坡道、散水	共检查10点,好10点,一般0点,差0点		好
1	给水排水与供暖	管道接口、坡度、支架	共查10点,好8点,一般2点,差0点		好
2		卫生器具、支架、阀门	共查10点,好9点,一般1点,差0点		好
3		检查口、扫除口、地漏	共查10点,好9点,一般1点,差0点		好
4		散热器、支架	共查10点,好8点,一般2点,差0点		好
1	通风与空调	风管、支架	共查10点,好9点,一般1点,差0点		好
2		风口、风阀	共查10点,好10点,一般0点,差0点		好
3		风机、空调设备	共查10点,好9点,一般1点,差0点		好
4		管道、阀门、支架	共查10点,好8点,一般2点,差0点		好
5		水泵、冷却塔	共查10点,好8点,一般2点,差0点		好
6		绝热	共查10点,好9点,一般1点,差0点		好

工程名称		××办公楼工程	施工单位	××建设集团有限公司	
序号		项　　目	抽查质量状况		质量评价
1	建筑电气	配电箱、盘、板、接线盒	共查10点,好8点,一般2点,差0点		好
2		设备器具、开关、插座	共查10点,好9点,一般1点,差0点		好
3		防雷、接地、防火	共查10点,好9点,一般1点,差0点		好
1	智能建筑	机房设备安装及布局	共查10点,好9点,一般1点,差0点		好
2		现场设备安装	共查10点,好10点,一般0点,差0点		好
1	电梯	运行、平层、开关门	共查10点,好9点,一般1点,差0点		好
2		层门、信号系统	共查10点,好9点,一般1点,差0点		好
3		机房	共查10点,好10点,一般0点,差0点		好
		观感质量综合评价	好		

结论:
　评价为好,观感质量验收合格。

施工单位项目负责人:×××　　　　　　　　　　总监理工程师:×××
　　　　　　　　　　××年×月×日　　　　　　　　　　　　　　　××年×月×日

注:1. 质量评价为差的项目,应进行返修。
　　2. 本表所有项目均已填写,使用时请参考相应部分。

6.5.5 单位工程竣工预验收报验表

单位工程竣工预验收报验表		资料编号	×××
工程名称	××商住楼工程	日期	××年×月×日

致：___××建设监理公司___（监理单位）

　　我方已按合同要求完成了___××商住楼工程___，经自检合格，请予以检查和验收。

附件：
　　单位工程竣工资料

施工单位名称:××建设集团有限公司　　　　　　　　　　　　项目经理(签字):×××

审查意见：

　　经预验收,该工程:
　　1.☑符合□不符合　我国现行法律、法规要求;
　　2.☑符合□不符合　我国现行工程建设标准;
　　3.☑符合□不符合　设计文件要求;
　　4.☑符合□不符合　施工合同要求。

综上所述,该工程预验收结论：　　☑合格　　　　□不合格
可否组织正式验收：　　　　　　　☑可　　　　　□否

监理单位名称:××建设监理公司(盖章)　　总监理工程师(签字):×××　　日期:××年×月×日

　　注：本表由施工单位填写。

6.5.6 工程竣工质量报告

工程竣工质量报告

一、工程概况

××大厦工程位于北京市××区××路××号,所处地理位置优越繁华,交通四通八达,工程四周为草坪,绿树成荫,环境优美。该大厦由××集团开发有限公司投资开发,××地质工程勘察院勘察,××建筑设计院设计,××建设集团有限公司施工,××建设监理公司监理。

该大厦为商业、办公、公寓一体化建筑,地上19层,地下2层。其中包括人防工程,首层为商业用房,2~4层可兼作办公使用,5层以上为住宅公寓,总建筑面积为41264mm²。

二、施工主要依据

1. 合同范围内的全部工程和所有设计图纸及符合设计的(变更)文件;

2. 分项、分部、单位工程质量满足合同要求,执行国家《建筑安装工程质量检验评定标准》及《建筑安装分项工程施工工艺规程》;

3. 设备安装、调试符合现行有关规范、标准并满足合同要求;

4. 管理体系以ISO 9001:2000标准和公司的质量文件为依据,严格执行施工图纸文件、合同要求及国家有关法律法规;

5. 工程建设监理规程及市建委××号文件;

6. 建筑安装工程资料管理规程等有关文件。

三、工程技术措施及质量情况

自工程开始,我单位始终坚持精心组织、精心指挥、精心管理的方针,充分发挥工程技术人员的积极作用,开动脑筋采用新施工技术和新的施工方法,应用新材料新产品共计38项:

1. 结构工程18项;

2. 钢结构施工技术2项;

3. 装修阶段的施工技术12项;

4. 其他项目6项。

由于可行的技术措施及新技术应用,使工程技术质量有所保证,并保证了工程的工期,提高了经济效益,有步骤有计划地实现了质量目标。

基础及主体结构工程仅用了近10个月就全部完成,其质量等级达到优良。至2007年5月止,完成规定全部设计图纸及洽商的内容。在施工过程中我单位始终坚持把工程质量放在各项工作的首位,牢记企业质量方针;保合同重管理,塑造顾客期望的艺术品,统一协调管理,重点把关控制,积极与工程监理及建设等单位配合,加强对分包单位的统一调度、统一协调、统一管理,严把质量关,最终达到和实现了质量目标,并深受大厦各用户的一致好评。该工程由于参建各单位的共同努力,土建分部优良率均达70%以上,设备机电安装分部优良率均达80%以上,该工程竣工观感质量评定91分。详见工程质量综合评定有关资料。

技术、质量资料及施工管理资料,严格按《建筑安装分项工程施工工艺规程》施工,按《建筑工程施工质量验收统一标准》及《建筑工程资料管理规程》规定的内容评定和收集整理。该工程经自检评定符合设计文件及合同要求,工程质量符合有关法律、法规及工程建设强制性标准,对在施过程中质检机构提出的质量问题都做了处理,现已整改完毕,经复查符合要求。

该工程现已完成施工合同的全部内容,工程质量达到了国家验评标准的等级,特向××集团开发有限公司提出申请,要求对××大厦工程进行工程竣工验收。

总监:×××

施工负责人:×××

××集团有限责任公司

××年×月×日